油库加油站设备设施系列丛书

油库常用阀门

马秀让　主编

U0264091

中国石化出版社

内容提要

本书主要内容有阀门的用途、分类、型号编制方法、基本参数及选用；油库常用的 9 种阀门的用途、性能参数、种类、结构、特点、型号、规格及结构尺寸；阀门的技术要求、操作使用、维护管理、常见故障、垫片和填料安装与拆卸；阀门修理、检修后的验收等。

可供油料各级管理部门和油库、加油站的业务技术干部及油库一线操作人员阅读使用，也可供油库、加油站工程设计与施工人员和相关专业院校师生参阅。

图书在版编目(CIP)数据

油库常用阀门／马秀让主编. —北京：
中国石化出版社，2016.11
（油库加油站设备设施系列丛书）
ISBN 978－7－5114－4287－1

Ⅰ.①油… Ⅱ.①马… Ⅲ.①油库－阀门 Ⅳ.①TE972

中国版本图书馆 CIP 数据核字(2016)第 256290 号

中国石化出版社出版发行

地址：北京市朝阳区吉市口路 9 号
邮编：100020　电话：(010)59964500
发行部电话：(010)59964526
http://www.sinopec-press.com
E-mail：press@sinopec.com
北京科信印刷有限公司印刷
全国各地新华书店经销

*

850×1168 毫米 32 开本 7.375 印张 154 千字
2016 年 11 月第 1 版　2016 年 11 月第 1 次印刷
定价：30.00 元

《油库常用阀门》
编 写 组

主　　　编　马秀让

副 主 编　郭守香　远　方　曹常青

编　　　写　(按姓氏笔画为序)

王伟峰　王宏德　申兆兵　朱　明

朱邦辉　李晓鹏　李慧炎　单汝芬

徐浩勐　寇恩东　曹振华　彭青松

曾　锋

《油库加油站设备设施系列丛书》
前　言

　　油库是收、发、储存、运转油料的仓库，是连接石油开采、炼制与油品供应、销售的纽带。加油站是供应、销售油品的场所，向汽车加注油品的窗口，是遍布社会各地不可缺少的单位。油库和加油站有着密切的联系，不少油库就建有加油站。油库、加油站的设备设施，在作用性能上有着诸多共性，只是规模大小不同，所以本丛书将加油站包括在内，且专设一册。

　　丛书将油库、加油站的所有设备设施科学分类、分册，各册独立成书，有各自的系统，但相互又有联系，全套书构成油库、加油站设备设施的整体。

　　丛书可供油料各级管理部门和油库、加油站的业务技术干部及油库一线操作人员阅读使用，也可供油库、加油站工程设计与施工人员和相关专业院校师生参阅。

　　丛书编写过程中，得到相关单位和同行的大力支持，书中参考选用了同类书籍、文献和生产厂家的不少资料，在此一并表示衷心地感谢。

　　丛书涉及专业、学科面较宽，收集、归纳、整理的工作量大，再加上时间仓促、水平有限，缺点错误在所难免，恳请广大读者批评指正。

马秀让

本书前言

阀门是油库用量最大，品种规格最多，操作使用最为频繁的一种配套设备。它用于油库储油、输油、给水、排水、消防、通风、热力管路等系统。通过阀门的开启、关闭，调节、控制管路和设备中介质的压力、流量和流向。

在油库中，由于阀门用量大，所处环境差，如果选用、操作、维护、检修不当，都会产生"跑冒滴漏"现象，甚至引发事故。据《油库千例事故分析》一书统计，在油库事故中20%以上与阀门有关。

全书共10章，主要内容有阀门的用途、分类、型号编制方法、基本参数及选用；油库常用的闸阀、截止阀、旋塞阀、球阀、蝶阀、止回阀、安全阀、减压阀、节流阀等9种阀门的用途、性能参数、种类、结构、特点、型号、规格及结构尺寸；阀门的技术要求、操作使用、维护管理、常见故障、垫片和填料安装与拆卸；阀门修理、检修后的验收等。

本书可供油料各级管理部门和油库、加油站的业务技术干部及油库一线操作人员阅读使用，也可供油库、加油站工程设计与施工人员和相关专业院校师生参阅。

本书编写过程中，得到相关单位和同行的大力支持，书中参考选用了同类书籍、文献和生产厂家的不少资料，在此一并表示衷心地感谢。

由于编写人员水平有限，缺点、错误在所难免，恳请同行批评指正。

编者

目　录

第一章 阀门综述

阀门是流体管路的控制装置。其基本功能是接通或切断管路介质的流通，改变介质的流动方向，调节介质的压力和流量，保护管路和设备的正常运行。

第一节 阀门的用途与分类

一、阀门的用途

随着现代科学技术的发展，阀门在工业、建筑、农业、国防、科研以及人们日常生活等方面使用日益广泛，已成为人类生产和生活活动各个领域中不可缺少的通用机械产品。

工业用阀门诞生在蒸汽机发明之后，由于现代石油、化工、电站、冶金、船舶、核能、宇航等方面发展的需要，对阀门提出了更高的要求，促进了高参数阀门的研究和生产，其工作温度从超低温 $-269℃$ 到高温 $1200℃$，甚至高达 $3430℃$；工作压力从超真空 $1.33 \times 10^{-8}Pa$ 到超高压 $1460MPa$；阀门的直径从 $1mm$ 到 $6000mm$，甚至达到 $9750mm$。阀门的材料从铸铁、碳素钢，发展到钛、钛合金钢等，还有高强耐腐蚀钢阀门、低温钢和耐热钢阀门；阀门的驱动方式从手动发展到电动、气动、液动、程控、数控、遥控等；阀门的加工工艺从普通机床到流水线、自动线。为便于生产、安装、更换，阀门的品种规格正向标准化、通用化、系列化方向发展。

随着现代工业的不断发展，阀门的需求量不断增长，一座现代化的石油化工装置需要各式各样的阀门成千上万只；一座现代住宅楼也需要上千只阀门；一座普通油库阀门的要求量，少则几百，多则几千。

在油库中，阀门是用量最大，开闭频繁的一种配套机械产品，但由于使用维修不当，常常发生"跑冒滴漏"现象。由此引起火灾、爆炸、中毒事故，或者造成油品变质、能源浪费、设备腐蚀、环境污染等。事故教育了人们，希望获得高质量阀门，同时也要求提高阀门的使用维修水平。这对从事阀门操作、维修人员以及工程技术人员提出了新的、更高的严格要求。除了要精心设计、合理选用、正确操作阀门外，还必须及时维护、修理阀门，使阀门的"跑冒滴漏"现象降低到最低限度。

二、阀门分类

阀门分类方法有多种，现将按驱动方式、用途和作用、公称压力、工作温度、公称直径、结构特征、连接方法、阀体材料等分类列于表1-1。

表1-1 阀门分类

分类方式	名称		含意	备注
按驱动方式分类	自动阀门		自动阀门不需外力驱动，依靠介质自身的能量驱动阀门。如安全阀、减压阀、疏水阀、止回阀等	
	动力驱动阀门	电动阀门	借助电力驱动的阀门	还有以上几种驱动方式组合的，如电-气阀门
		气动阀门	借助压缩气体驱动的阀门	
		液动阀门	借助液体压力驱动的阀门	
		手动阀门	借助手轮、手柄、杠杆、链轮，由人力来操纵阀门。当阀门启闭力矩较大时，可在手轮和阀杆之间设置齿轮或蜗轮减速器	必要时，也可以利用万向接头及传动轴进行远距离操作

分类方式	名称	含意	备注
按用途和作用分类	截断阀	用来截断或接通管道介质的阀门。如闸阀、截止阀、球阀、蝶阀、隔膜阀、旋塞阀等	
	止回阀	用来防止管道中的介质倒流的阀门。如止回阀(底阀)	
	分配阀	用来改变介质的流向，起分配、分离或混合介质作用的阀门。如三通球阀、三通旋塞阀、分配阀、疏水阀等	
	调节阀	用来调节介质的压力和流量。如减压阀、调节阀、节流阀等	
	安全阀	防止装置中介质压力超过规定值，从而对管道或设备提供超压安全保护的阀门。如安全阀、事故阀等	
按公称压力分类	真空阀	工作压力低于标准大气压的阀门	
	低压阀	公称压力 $PN \leqslant 1.6$MPa 的阀门	
	中压阀	公称压力 $PN2.5 \sim 6.4$MPa 的阀门	
	高压阀	公称压力 $PN10 \sim 80.0$MPa 的阀门	
	超高压阀	公称压力 $PN \geqslant 100$MPa 的阀门	
按工作温度分类	常温阀	用于介质工作温度 $-40℃ \leqslant t \leqslant 120℃$ 的阀门	
	中温阀	用于介质工作温度 $120℃ < t \leqslant 450℃$ 的阀门	
	高温阀	用于介质工作温度 $t > 450℃$ 的阀门	
	低温阀	用于介质工作温度 $-100℃ < t \leqslant -40℃$ 的阀门	
	超低温阀	用于介质工作温度 $t \leqslant -100℃$ 的阀门	

分类方式	名称	含意	备注
按公称直径分类	小直径阀门	公称直径 $DN \leqslant 40mm$ 的阀门	
	中直径阀门	公称直径 $DN50 \sim 300mm$ 的阀门	
	大直径阀门	公称直径 $DN350 \sim 1200mm$ 的阀门	
	特大直径阀门	公称直径 $DN \geqslant 1400mm$ 的阀门	
按结构特征分类	截门形	启闭件(阀瓣)由阀杆带动沿着阀座中心线作升降运动的阀门	
	闸门形	启闭件(闸板)由阀杆带动沿着垂直于阀座中心线作升降运动的阀门	
	旋塞形	启闭件(链塞或球)围绕自身中心线旋转的阀门	
	旋启形	启闭件(阀瓣)围绕阀座外的轴旋转的阀门	
	蝶形	启闭件(圆盘)围绕阀座内的固定轴旋转的阀门	
	滑阀形	启闭件在垂直于通道的方向滑动的阀门	
按连接方法分类	螺纹连接阀门	阀体带有内螺纹或外螺纹,与管道螺纹连接的阀门	
	法兰连接阀门	阀体带有法兰,与管道通过法兰连接的阀门	
	焊接连接阀门	阀体带有焊接坡口,与管道焊接连接的阀门	
	卡箍连接阀门	阀体带有夹口,与管道夹箍连接的阀门	
	卡套连接阀门	与管道采用卡套方式连接的阀门	
	对夹连接阀门	用螺栓直接将阀门及两头管道穿夹在一起连接的阀门	

分类方式	名称	含意	备注
按阀体材料分类	金属材料阀门	阀体等零件由金属材料制成的阀门。如铸铁阀、碳钢阀、合金钢阀、铜合金阀、铝合金阀、铝合金阀、钛合金阀、蒙乃尔合金阀等	
	非金属材料阀门	阀体等零件由非金属材料制成的阀门。如塑料阀、陶瓷阀、搪瓷阀、玻璃钢阀等	
	金属阀体衬里阀门	阀体外形为金属，内部凡与介质接触的主要表面均为衬里的阀门。如衬胶阀、衬塑料阀、衬陶瓷阀等	

第二节 阀门的型号编制方法、基本参数及选用

一、阀门型号编制方法

根据 JB/T 308—2004 规定，阀门的型号由七个单元顺序组成。举例如下：

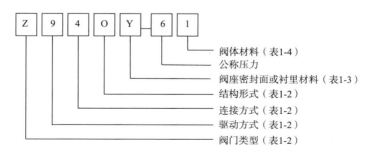

阀门的类型、驱动方式、连接方式、结构形式代号见表1-2。

表1-2　阀门的类型、驱动方式、连接方式、结构形式代号

代　号		0	1	2	3	4	5	6	7	8	9
驱动方式		电磁动	电磁-液动	电-液动	蜗轮	直齿轮	锥齿轮	气动	液动	气-液动	电动
连接方式			内螺纹	外螺纹		法兰		焊接	对夹	卡箍	卡套
类型代号		结构形式									
闸阀	Z		明杆				暗杆楔式				
			楔式		平行式						
		弹性闸阀	刚性								
			单闸阀	双闸阀	单闸阀	双闸阀	单闸阀	双闸阀			
截止阀	J		直通式			直角式	直流式	平衡			
节流阀	L							直通式	直角式		
球阀	Q		浮动球						固定球		
			直通式		L形三通式	T形三通式			直通式		
碟阀	D		杠杆式	垂直板式		斜板式					
隔膜阀	G			屋脊式		截止式			闸板式		
旋塞阀	X				填斜式				油封式		
					直通式	T形三通式	四通式		直通式	T形三通式	
止回阀	H		升降式			旋启式					蝶形
			直通式	立式		单瓣	多瓣	双瓣			

代号		0	1	2	3	4	5	6	7	8	9
安全阀	A		弹簧									脉冲式
			封闭		不封闭	封闭	不封闭					
					带扳手		带控制机构		带扳手			
		带散热片全启式	微启式	全闭式	双弹簧微启式	全启式	微启式	全启式	微启式	全启式		
减压阀	Y		薄膜式	弹簧薄膜式	活塞式	波纹管式	杠杆式				
疏水阀	S		浮球式				钟形浮子式		双金属片式	脉冲式	热动力式	

注：（1）低温阀、带加热套的保温阀、带波纹管的阀门和杠杆式安全阀在代号前分别加汉语拼音字母"D"、"B"、"W"和"G"。

（2）用手轮、手柄和扳手驱动的阀及安全阀、减压阀、疏水阀省略驱动方式代号。对于气动或液动的阀，常闭式用 6B、7B 表示，常开式用 6K、7K 表示，气动兼手动的用 6S 表示。防爆电动用 9B 表示。

（3）焊接连接包括对焊和承插焊。

密封面或衬里材料代号见表 1-3。

表1-3　密封面或衬里材料代号

密封面或衬里材料	代号	密封面或衬里材料	代号
铜合金	T	渗氮钢	D
橡胶	X	硬质合金	Y
尼龙塑料	N	衬胶	J
氟塑料	F	衬铅	Q
锡基轴承合金（巴氏合金）	B	搪瓷	C
合金钢	H	渗硼钢	P

注：（1）由阀体直接加工的阀座密封面材料代号用"W"表示。

（2）当阀座和阀瓣（闸板）密封面材料不同时，用低硬度材料代号表示（隔膜阀除外）。

阀体材料代号见表1-4。

表1-4 阀体材料代号

代号	Z	T	C	K	Q
阀体材料	灰铸铁	铜合金	碳钢	可锻铸铁	球墨铸铁
代号	I	P		R	V
阀体材料	Cr5Mo ZGCr5Mo	1Cr18Ni9Ti ZG1Cr18Ni9Ti		1Cr18Ni12Mo1Ti ZG1Cr18Ni12Mo2Ti	12Cr1Mo1V ZG12Cr1Mo1V

注：$PN \leqslant 1.6$MPa 的灰铸铁阀、$PN \geqslant 2.5$MPa 的碳钢阀，省略本代号。

二、阀门的基本参数

阀门的基本参数主要是公称直径、公称压力、压力－温度等级等。

1. 公称直径

公称直径是指阀门与管道连接处的名义直径，用 DN 和数字表示。如 $DN150$，它表示阀门公称直径是 150mm，是阀门的主要参数。

2. 公称压力

公称压力是指与阀门机械强度有关的设计给定压力，它是阀门在基准温度下允许的最大工作压力，用 PN 和数字表示。如 $PN1.6$，它表示阀门所承载压力为 1.6MPa，是阀门的主要参数。

3. 压力与温度等级

当阀门工作温度超过公称压力的基准温度时，其工作压力必须相应降低。阀门的工作温度和相应的最大工作压力变化表简称"温压表"，是阀门设计和选用的基准。因为油库使用阀门的设备设施温度都在基准温度范围内，温度与压力等级可不予考虑。

第三节　阀门的选用

一、"油库设计其他相关规范"对阀门选择的规定摘编

（1）油品管道上的阀门应采用钢制阀门。

（2）阀门的类型和使用参数，应满足使用和控制要求，但不宜采用蝶阀。

（3）阀门的公称压力不应小于设计工作压力，且公称直径大于或等于50mm的阀门，其公称压力不应小于1.6MPa；公称直径小于50mm的阀门，其公称压力不应小于1.0MPa。

（4）用于油品定量灌装、灌桶或加注的自动控制阀门：对操作温度下不会凝固的油品，宜采用电液阀；操作温度下可能凝固的油品，不得采用电液阀。

（5）公称直径大于或等于250mm且操作频繁的阀门，宜采用蜗杆传动阀门或具备手动开启功能的电动阀门。

二、阀门选用考虑的因素

阀门选用应在掌握介质性能、流量特性，以及温度、压力、流量等的基础上，结合工艺、操作、安全等要求，选用相应类型、结构形式、型号规格阀门。

1. 介质性能

许多介质都有一定的腐蚀性。同一介质随着温度、压力、浓度的变化，其腐蚀性也不一样。因此，选用阀门时应考虑材料的耐腐蚀性能。油库使用的阀门主要有灰铸铁阀门、碳素钢阀门。但在重要部位应避免使用灰铸铁阀门，如油罐进出油阀门和排污阀门。

2. 流量特性

阀门启闭件、通道形状使阀门具有一定的流量特性，选用阀门时必须予以考虑。

（1）截断和接通介质用阀门。这类阀门主要有闸阀、截止阀、柱塞阀等，适用于流阻小的情况下使用。

（2）控制流量用阀门。这类阀门主要有调节阀、节流阀、旋塞阀、球阀、蝶阀等，适用于调节控制流量使用。

（3）换向分流用阀门。这类阀门主要有旋塞阀、球阀等。根据分流需要可选用三通道或更多通道的旋塞阀或球阀。如油库灭火系统中的负压比例混合器使用的球阀有 4~5 个通道。

这里应注意的是：用闸阀、截止阀的开启度来实现节流是极不合理的；用节流阀作为切断装置也是不合理的。其原因是管道中介质在节流的状态下，流速很高，会使密封面因受冲刷磨损而失去密封作用。

3. 压力和温度

压力和温度是选用阀门应考虑的因素之一。不同材料的阀门，其使用的压力和温度见表 1-5。

表 1-5　不同材料的阀门使用压力和温度

阀门名称	使用温度/℃	使用压力/MPa
灰铸铁阀门	−15~250	1.0
可锻铸铁阀门	−15~250	2.5
球墨铸铁阀门	−30~350	4.0
碳素钢阀门	−29~450	32.0

4. 流量和流速

阀门的流量和流速主要取决于阀门的直径，也与阀门结构形式对介质的阻力有关，与介质的压力、温度、浓度等因素有着一定的内在联系。在流量一定的条件下，流速决定着效率的高低。油库输送易燃易爆的油品，流速大，易产生静电，会造成危险，因此轻质油品流速应限制在不大于 4.5m/s，润滑油一般控制在 0.1~2m/s。

5. 阀门连接形式

阀门与管道连接主要有螺纹、法兰、焊接三种形式。在油库中多采用螺纹连接和法兰连接。

(1) 螺纹连接。螺纹连接的阀门主要是 DN50mm 及其以下的阀门，如果直径过大，连接安装和密封十分困难。在油库通常 DN25mm、DN32mm、DN40mm 的阀门多采用螺纹连接。这里应注意的是：重要部位应选法兰连接阀门，如与油罐相连的小口径阀门。

(2) 法兰连接。法兰连接阀门安装、拆卸都比较方便，适用于油库各种直径和压力的管道使用。当温度超过 350℃ 时，螺栓、垫片和法兰会发生蠕变松弛，降低螺栓的负荷，对受力很大的法兰连接可能产生泄漏。

（3）焊接连接。这种连接适用于各种压力和温度条件，在苛刻条件下，比法兰连接更为可靠，但拆卸和重新安装比较困难。在油库极少使用这种连接。

6. 阀门结构

根据工况条件和工艺要求综合确定阀门的结构，即满足工况条件和工艺要求，考虑经济合理、安全可靠、操作维修方便等。如在操作空间受限的场所，不宜用明杆闸阀，选用暗杆闸阀为好，最好选用蝶阀；要求快关、快开的阀门，一般不采用闸阀、截止阀。如油库收发油系统中的应急关闭阀门，选用球阀、旋塞阀、蝶阀三种中的任意一种。

三、阀门类型的选择

油库常用阀门性能和类型选择见表1-6～表1-8。

表1-6　油库常用截断阀性能比较表

项目＼类型	闸阀	截止阀	球阀	碟阀	旋塞阀
密封性能	好	较好	优	较好	较差
可靠性能	好	好	好	较好	较好
启闭性能	速度慢	速度慢	轻便、迅速	轻便、迅速	迅速
适用介质	水、蒸汽、油品	水、蒸汽、油品	水、蒸汽、油品	水、蒸汽、油品	水、蒸汽
介质流向	双向	单向	双向	双向或单向	双向
摩擦阻力损失(ζ)	小 (0.1～1.5)	大 (4～10)	极小 (<0.2)	可调 (0.2～0.6)	可调
结构特点	较复杂	简单	较复杂	简单	简单
维修难点	较难	容易	难	容易	较难
使用寿命	长	较长	较长	较短	较短
价格	较贵	较便宜	贵	便宜	便宜
使用注意	严禁节流	不宜节流	严禁节流	可以节流	可以节流

表 1-7 阀门类型选择表(一)

阀门		流束调节形式			介质				
类别	型号	截止	节流	换向分流	无颗粒	带悬浮颗粒		粘滞性	清洁
						带腐蚀性	无腐蚀性		
闭合式	截止形:								
	直通式	可用	可用		可用				
	角式	可用	可用		可用	特用	特用		
	斜叉式	可用	可用		可用	特用			
	多通式			可用	可用				
	柱塞式	可用	可用		可用	可用	特用		
滑动式	平行闸板形:								
	普通式	可用			可用				
	带沟道闸门式	可用			可用	可用	可用		
	楔型闸板式	可用	特用		可用	可用	可用		
	楔型闸板形:								
	底部有凹槽	可用			可用				
	底部无凹槽(橡胶阀座)	可用	适当可用		可用	可用			
旋转式	非润滑的	可用	适当可用	可用	可用				可用
	润滑的	可用			可用	可用	可用		
旋塞形	偏心旋塞	可用	适当可用		可用			可用	
	提升旋塞	可用		可用	可用			可用	
	球形	可用	适当可用	可用	可用				
	蝶形	可用	可用	特用	可用				可用
挠曲式	夹紧形	可用	可用	特用	可用				可用
	隔膜形:								
	堰式	可用	可用		可用			可用	可用
	直通式	可用	适当可用		可用	可用		可用	可用

表 1-8　阀门类型选择表（二）

使用条件		阀门基本形式			
		球阀	闸阀	旋塞	蝶阀
压力、温度	常温～高压	○	●	▲	◆
	常温～低压	○	○	○	○
	中温～中压	●	○	●	●
公称直径/mm	300～500	▲	○	◆	○
	<300	●	○	▲	●
	<50	○	●	●	▲

注：符号表示：○适用；●可用；▲适当可用；◆不适用。

第四节　阀门结构特点、适用范围及安装要求

阀门结构特点和适用范围及安装要求见表1-9。

表 1-9　阀门结构特点和适用范围及安装要求

阀名	结构特点和适用范围	安装要求
闸阀	阀座与闸板平行，摩擦损失较小。闸阀除用于蒸汽、油品等介质外，尚适用于在含有粒状固体及黏度大的流体条件下工作。主要用于全开或全闭，不作调节流量用 （1）楔式单板闸阀。高温时密封性能不如弹性闸板阀和双闸板阀好 （2）楔式双闸板阀。这种阀密封性能较好。适用于开闭频繁的部位及对密封面磨损较大的介质 （3）平行式双闸板阀，闸板为两块平行板组成。密封面的加工及检修比其他形式闸阀简单，但密封性较其他形式差。适用于温度及压力较低的介质 （4）弹性闸板阀。沿闸板周边厚度中部掏一环形槽或由两块闸板从背面中间部分组焊而成，比楔式单闸板密封性能好	（1）单闸板阀，可任意位置安装；双闸板阀宜直立铅垂安装，手轮在顶部 （2）带传动机构的闸阀，按产品说明书安装 （3）手轮、手柄或传动机构不得当起吊用 （4）带旁通阀的闸阀，开启前应先打开旁通阀

阀名	结构特点和适用范围	安装要求
截止阀	阀芯是垂直落于阀座上，阀座与管路中心平行，流体在阀中流动成 S 形，流体阻力比较大。截止阀一般只供全开、全关，也可以用来调节流量。适用于蒸汽等介质，不宜用于黏度较大、易沉淀的介质。多用在输送非黏性油品、水和蒸汽的小口径（DN100 以下）管路中	（1）可以安装在任何位置上。带传动机构的截止阀按产品说明书安装 （2）安装时注意使介质流向与阀体上所示箭头方向一致 （3）手轮、手柄或传动机构不得当起吊用
转心阀（旋塞）	转芯阀开关迅速、操作方便，旋转 90°即可开闭。并具有阻力小，零件少，重量轻等特点。它还可将旋塞做成三通或四通，用作三通或四通阀。适用于温度较低、黏度较大的介质和要求开关迅速的部位。一般不宜用于蒸汽和温度较高的介质及压力或管径大的管路。直通阀做启闭用，在一定程度内做节流用。三通、四通阀用于分配和换向用	（1）可任意位置安装，但位置应易于观察方头顶端之沟槽及方便操作 （2）三通、四通旋塞宜直立或小于 90°安装在管路上
球阀	结构简单、体积小，零件少，重量轻，开关迅速，流通阻力小。但制作精度要求高，受密封材料和结构限制，不宜在高温、高压介质或大管径中使用。只做开启关闭，不允许做节流用	可任意方向安装，但带传动机构的球阀应直立安装
蝶阀	体积小，结构紧凑，操作灵活，开关迅速，多用于要求快速开关的管路	可在任意方向安装
止回阀	止回阀有升降式和旋启式两类。它们都是利用液体的背压来防止流体的逆向流动。旋启式与升降式相比，旋启式流动阻力小，而升降式密封性能较好	（1）升降式垂直瓣止回阀，安装在垂直管道上；水平瓣止回阀和旋启式止回阀宜安装在水平管道上 （2）介质流向应与阀体所示箭头方向一致
调节阀	调节阀随用途不同，结构多样，种类多种。可用于需要调节流量或压力的管路上	

阀名	结构特点和适用范围	安装要求
安全阀	安全阀常用的有弹簧式、杠杆式、重锤式三种。各种结构虽不相同，但都用于需要控制最高压力的容器或管路上	（1）弹簧式安全阀宜直立安装 （2）安全阀的出口应无阻力或避免产生压力现象。若在出口处装排泻管道，管径应不小于安全阀出口通径

第二章　油库常用阀门

油库常用阀门主要有闸阀、截止阀、旋塞阀、球阀、蝶阀、止回阀、安全阀、减压阀、节流阀等。此外，还有储油罐专用的呼吸阀和液压安全阀。

第一节　闸阀

闸板在阀杆的带动下，沿阀座密封面作升降运动而达到启闭目的的阀门，叫做闸阀。

一、闸阀的用途与性能参数

闸阀是截断类阀门的一种，用来接通或截断管路中的介质。闸阀使用范围较宽，常用闸阀的主要性能参数范围是：

公积压力 $PN0.1 \sim 32\mathrm{MPa}$；

公称直径 $DN15 \sim 1800\mathrm{mm}$；

工作温度 $\leqslant 550\mathrm{℃}$。

二、闸阀的种类

根据结构形式，闸阀的种类见图 2-1。

三、闸阀的结构

闸阀主要由阀门体、阀门盖、支架、阀杆、阀杆螺母、闸板、阀座、填料函、密封填料、填料压盖及传动装置等组成，见图 2-2。

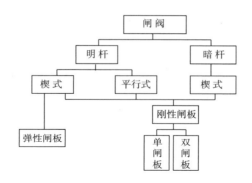

图 2-1 闸阀种类方框图

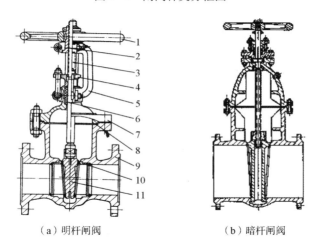

（a）明杆闸阀　　　　　　（b）暗杆闸阀

图 2-2 闸阀结构示意图

1—手轮；2—阀杆螺母；3—阀杆；4—压盖；5—支架；6—填料；
7—阀门盖；8—垫片；9—阀体；10—阀座；11—闸板

（一）阀门体

它是闸阀的主体，是安装阀门盖、安放阀座、连接管道的重要零件。阀门体内容纳垂直放置并作升降运动的圆盘状闸板，因而阀门体腔高度较大。阀门体截面的形状主要取决于公称压力，如低压闸阀阀门体可设计成扁平状，以缩小其结构长度；

高中压闸阀阀门体多数设计为椭圆形或圆形，以提高其承压能力，减少壁厚。阀门体内的介质通道大多是圆形截面，对于直径较大的闸阀，为了减小闸板的尺寸、启闭力与力矩，也可采用缩口的形式。采用缩口后，会增加阀门内流动阻力，压降和能耗增大，因而通道收缩比不宜太大。通常阀座通道的直径与公称直径之比为 0.8～0.95，缩口通道母线对中心线倾角不大于 12°。

阀门体的结构决定于阀门体与管道、阀门体与阀门盖的连接。阀门体毛坯可采用铸造、锻造、锻焊、铸焊以及管板焊接等。铸造阀门体一般用于 $DN \geqslant 50mm$ 的，锻造阀门体一般都用于 $DN < 50mm$ 的，锻焊阀门体是用于对整体锻造工艺上有困难，且用于重要场合的阀门，铸焊阀门体是用于对整体铸造无法满足要求的结构。

(二)阀门盖和支架

它们与阀门体形成耐压空腔上面的填料函，支承阀杆与传动装置等零件。

(三)阀杆

它与阀杆螺母或传动装置直接相接，光杆部分与填料形成密封面，能传递力矩起着启闭阀门板的作用。根据阀杆上螺纹的位置分为明杆、暗杆两类，因而闸阀也分成明闸阀和暗杆闸阀两种。

1. 明杆闸阀

阀杆升降是通过在阀门盖和支架上的阀杆螺母旋转来实现的，阀杆螺母只传递转动，没有上下位移。这种结构对阀杆润滑有利，闸板的开启度清楚，阀杆螺纹及阀杆螺母不与介质接触，不受介质温度和腐蚀性的影响，因而使用较广泛。

2. 暗杆闸阀

阀杆升降是靠旋转阀杆带动闸板上的阀杆螺母升降来实现的，阀杆只传递转动，没有上下位移。这种结构的阀门高度尺寸小，启闭过程难以控制，需要增加指示器，阀杆螺纹及阀杆螺母与介质接触，受介质温度和腐蚀性的影响，因而适用于非腐蚀性介质以及外界环境条件较差的场合。

（四）阀杆螺母

它与阀杆形成螺纹副，与传动装置直接相接，能传递力矩。

（五）传动装置

它直接把电力、气力、液力和人力传递给阀杆或阀杆螺母。

（六）阀座

它用压、焊、螺纹等方法连接，阀座是固定在阀门体上与闸板构成密封面的零件。阀座密封圈可在阀门体上直接堆焊金属形成密封面，也可在阀门体上直接加工出密封面。

（七）密封填料

填料是在填料函内通过压盖压紧，能够在阀门盖和阀杆间起密封作用的材料。

（八）填料压盖

它通过压盖螺栓和螺母，能够将填料压紧。

（九）闸板

它是闸阀的启闭件，闸阀启闭、密封性能和寿命都主要取决于闸板，它是闸阀的关键零件。根据闸板的结构形式分为两大类。

1. 平行式闸板

阀板上的两个密封面相互平行，且与阀门体通道中心线垂直。它又分为平行单闸板、平行双闸板两种。

2. 楔式阀板

密封面与闸板垂直中心线对称成一定倾角，称为楔半角。楔半角的大小主要取决于介质的温度和直径的大小，一般介质温度越高，直径越大，所取楔半角越大，常见的楔形闸板其楔半角为 2°52′ 和 5° 两种。楔式闸板又分为楔式单闸板、弹性闸板和楔式双闸板。

（十）高压闸阀

高压闸阀中无法兰装置，多采用自紧式密封结构，密封圈采用成型填料，或用不锈钢车成，借介质压力压紧楔形密封圈来达到密封。介质压力越高，密封性越好。这种阀门两端与管道为焊接连接。

四、闸阀的特点

（1）流体阻力小。因为闸阀体内部介质通道是直通的，介质流经闸阀时不改变其流动方向，所以流体阻力小。

（2）启闭力矩小。因为闸阀启闭时闸板运动方向与介质流动方向相垂直，与截止阀相比，闸阀启闭较省力。

（3）介质流动方向不受限制。介质可以从阀门两侧任意方向流过，均能达到使用的目的，特别适用于介质的流动方向可能改变的管路中。

（4）结构长度较短。因为闸阀的闸板是垂直置于阀门体内的，而截止阀阀瓣是水平置于阀门体内的，因而结构长度比截止阀短。

（5）密封性能好。阀门全开时，介质对密封面的冲蚀较小。

（6）容易损伤密封面。阀门启闭时，闸板与阀座相接触的两密封面之间有相对摩擦，易损伤，影响密封性能与使用寿命。

（7）启闭时间长。由于高度大，闸阀启闭时须全开或全关，闸板行程大，开启需要一定的空间，外形尺寸高。

（8）结构复杂。这种阀门零件较多，制造与维修较困难，成本比截止阀高。

五、闸阀型号、规格及结构尺寸

闸阀型号、规格及结构尺寸见表2-1～表2-3。

表 2-1 手动闸阀型号、规格及结构尺寸

名称	型号	公称压力/MPa	公称通径/mm	主要结构尺寸/mm				适用范围		阀体材料
				$L^①$	$H^②$	$D^③$	$D_0^④$	温度/℃	介质	
内螺纹暗杆楔式闸阀	Z11W-10	1.0	15	60	108		55	≤100	煤气、油品	灰铸铁
			20	65	120		55			
			25	75	135		65			
			32	85	162		65			
	Z15T-10		40	95	177		80	≤120	水	
			50	110	209		100			
			65	120	237		120			
明杆平行式双闸板阀	Z44W-10	1.0	50	180	337	160	180	≤100	油品	灰铸铁
			65	195	388	180	180			
			80	210	440	195	200			
			100	230	520	215	200			
			125	255	624	245	240			
			150	280	730	280	240			
	Z44T-10		200	330	948	335	320	≤200	蒸汽、水	
			250	380	1140	390	320			
			300	420	1330	440	400			
			350	450	1508	500	400			
			400	480	1714	565	500			
明杆楔式单板闸阀	Z41H-16C	1.6	50	250	420	165	200	≤425	油、水、蒸汽	铸钢
			65	270	~450	185	200			
			80	280	530	200	240			
			100	300	~620	220	280			
			125	325	~740	250	360			
			150	350	840	285	360			
			200	400	1075	340	400			
			250	450	1098	405	450			
			300	500	1232	460	560			
			350	550	1419	520	640			
			400	600	1600	580	720			

名称	型号	公称压力/MPa	公称通径/mm	主要结构尺寸/mm				适用范围		阀体材料
				$L^{①}$	$H^{②}$	$D^{③}$	$D_0^{④}$	温度/℃	介质	
明杆楔式单板闸阀	Z41H 25	2.5	50	250	438	160	240	≤350	油、水、蒸汽	铸钢
			65	270	452	180	240			
			80	280	530	195	280			
			100	300	620	230	320			
			125	328	756	270	360			
			150	350	845	300	360			
			200	400	1041	360	400			
			250	450	1244	425	450			
			300	500	1474	485	560			
			350	550	1663	550	640			
			400	600	1886	610	720			
明杆楔式单板闸阀	Z41H 40	4.0	50	250	438	160	240	≤425	油、水、蒸汽	铸钢
			65	280	548	180	240			
			80	310	600	195	280			
			100	350	684	230	320			
			125	400	776	270	360			
			150	450	900	300	360			
			200	550	1110	375	450			
			250	650	1348	445	560			
			300	750	1348	510	560			
			350	850	1706	570	720			
			400	950	2050	655	~800			

名称	型号	公称压力/MPa	公称通径/mm	主要结构尺寸/mm				适用范围		阀体材料
				L[①]	H[②]	D[③]	D_0[④]	温度/℃	介质	
明杆楔式单板闸阀	Z41H64	6.4	50	250	504	175	280	≤425	油、水、蒸汽	铸钢
			65	280	593	200	320			
			80	310	637	210	320			
			100	350	716	350	360			
			125	400	772	400	400			
			150	450	926	450	450			
			200	550	1157	550	560			
			250	650	1372	650	560			
			300	750	1680	750	640			
			350	850	1754	850	800			

①L—阀长。
②H—阀升起后的高度。
③D—阀的法兰外直径。
④D_0—阀的手轮直径。

以下表中 L、H、D、D_0 含义同表 2-1。

表 2-2　气动闸阀型号、规格及结构尺寸

名称	型号	公称压力/MPa	公称通径/mm	主要结构尺寸/mm				适用范围		阀体材料
				L	H	D	D_0	温度/℃	介质	
气动楔式闸阀	Z640H-16C	1.6	300	500	1485	460		≤425	油、水、蒸汽	碳钢
			350	550	1640	520				
			400	600	1870	580				
	Z640H-25	2.5	300	500	1485	485				
			350	550	1640	555				
			400	600	1870	600				
	Z640H-40	4.0	300	750	1485	510				
			350	850	1640	570				

名称	型号	公称压力/MPa	公称通径/mm	主要结构尺寸/mm				适用范围		阀体材料
				L	H	D	D_0	温度/℃	介质	
气动带手动楔式闸阀	Z6sⅡ40F-16C	1.6	50	250	1095	160		≤200	油、水	碳钢
			80	280	1125	195				
			100	300	1285	215				
			150	350	1630	280				
			200	400	1820	335				
			250	450	2125	405				
			300	500	2500	460				
	Z6sⅡ40F-25	2.5	50	250	1095	160		≤200	油、水	碳钢
			80	280	1125	195				
			100	300	1285	230				
			150	350	1630	300				
			200	400	1820	360				
			250	450	2125	425				
			300	500	2500	485				

注：表中 H 为阀门关闭高度，其他符号同前闸阀。

表2-3　电动闸阀型号、规格及结构尺寸

名称	型号	公称压力/MPa	公称通径/mm	主要结构尺寸/mm				适用范围		阀体材料
				L	H	D	D_0	温度/℃	介质	
电动楔式闸阀	Z940H-16C	1.6	50	250	625	160	200	≤425	油、水、蒸汽	铸钢
			80	280	700	195	200			
			100	300	760	215	200			
			125	325	860	245	250			
			150	350	1010	280	250			
			200	400	1075	335	320			
			250	450	1265	405	500			
			300	500	1480	460	500			
			350	550	1665	520	500			
			400	600	1930	580	500			

名称	型号	公称压力/MPa	公称通径/mm	主要结构尺寸/mm				适用范围		阀体材料
				L	H	D	D_0	温度/℃	介质	
电动楔式闸阀	Z940H-25	2.5	50	250	625	160	200	≤425	油、水、蒸汽	铸钢
			65	265	630	180	200			
			80	280	710	195	200			
			100	300	745	230	200			
			125	325	860	270	320			
			150	350	925	300	320			
			200	400	1115	360	320			
			250	450	1465	425	500			
			300	500	1465	485	500			
			350	550	1670	550	500			
			400	600	1933	610	500			
	Z940H-40	4.0	50	250	685	160		≤425	油、水、蒸汽	铸钢
			80	310	725	195				
			100	350	865	230				
			125	400	860	270				
			150	450	960	300				
			200	550	1150	375				
			250	650	1440	445				
			300	750	1510	510				
			350	850	1820	570				
			400	950	2050	655				

第二节　截止阀

　　阀瓣在阀杆的带动下，沿阀座密封面的轴线作升降运动而达到启闭目的的阀门，叫做截止阀。

一、截止阀的用途与性能参数

截止阀是截断阀门的一种，用来截断或接通管路中的介质。小直径的截止阀，多采用外螺纹连接、卡套连接或焊接，较大口径的截止阀采用法兰连接或焊接。

截止阀多采用手轮或手柄传动，在需要自动操作的场合，也可采用电动传动。

截止阀的流体阻力很大，启闭力矩也大，因而影响了它在大口径场合的应用。为了扩大截止阀的应用范围，可安装一个旁通阀，使主阀门启闭件两侧管道的压力平衡。截止阀的主要性能参数范围是：

公称压力 $PN0.6 \sim 32MPa$；

公称直径 $DN3 \sim 200mm$；

工作温度 $t \leqslant 550℃$。

二、截止阀的种类

根据结构形式，截止阀的种类见图 2-3。

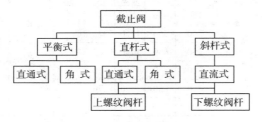

图 2-3　截止阀种类方框图

三、截止阀的结构

截止阀主要由阀门体、阀门盖、阀杆、阀杆螺母、阀瓣、阀座、填料函、密封填料、填料压盖及传动装置等组成，见图2-4。

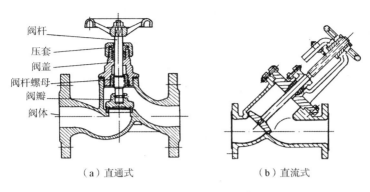

阀杆
压套
阀盖
阀杆螺母
阀瓣
阀体

（a）直通式　　　　　　　　（b）直流式

图2-4　截止阀结构示意图

（一）阀门体和阀门盖

截止阀阀门体、阀门盖可以铸造，也可以锻造。铸造阀门体、阀门盖适用于 $DN \geqslant 50mm$。低压、小直径截止阀也有采用铸造的。锻造阀门体、阀门盖用于 $DN \leqslant 32mm$ 的高温、高压阀门。截止阀还可采用锻焊和铸焊，以及管板焊接等结构型式。

阀门体和阀门盖通常采用螺纹或法兰连接。在高压截止阀中，阀门体与阀门盖连接，多采用法兰压力自紧式密封结构，密封采用成型填料，借介质压力压紧楔形密封圈来达到密封，介质压力越高，密封性能越好。按截止阀阀门体的流道，截止阀分为直通式、直角式、直流式。

1. 直通式截止阀

铸造的直通式阀门体进出口通道之间有隔板，流体阻力很大。

2. 角式截止阀

角式截止阀体的进出口通道的中心线成直角，介质流动方向为90°角。角式阀门体多采用锻造，适用于压力高、小直径截止阀。

3. 直流式截止阀

直流式阀门体是用于斜杆式截止阀，其阀杆轴线与阀门体通道出口端轴线成一定锐角，通常为45°～60°。其介质基本上成直线流动，故称为直流式截止阀，它的阻力损失比前两者均小。

（二）阀杆

截止阀阀杆一般都作旋转升降运动，手轮固定在阀杆的上端部；也有的通过传动装置（蜗轮、齿轮传动、电动等）带动阀杆螺母旋转，阀杆带动阀瓣作升降运动达到启闭目的。根据阀杆上螺纹的位置，分为上螺纹阀杆和下螺纹阀杆两种。

1. 上螺纹阀杆

螺纹位于阀杆上半部。它不与介质接触，因而不受介质腐蚀，也便于润滑。它适用于较大口径、高温、高压或腐蚀性介质使用。

2. 下螺纹阀杆

螺纹位于阀杆下半部。螺纹处于阀门体内腔，与介质接触，易受介质腐蚀，无法润滑。它适用于小口径，较低温度和非腐蚀性介质使用。

（三）阀瓣

它是截止阀的启闭件，是关键零件。阀门瓣、阀门座共同形成密封结构，接通或截断介质。阀瓣通常是圆盘形的，有平面和锥面等密封形式。

四、截止阀的特点

（1）结构比闸阀简单，制造与维修都较方便。

（2）密封面不易磨损及探伤，密封性好。启闭时，阀瓣和阀门体密封面之间无相对滑动，因而磨损与擦伤均不严重，密封性能好，使用寿命长。

（3）启闭时，阀瓣行程小，因而截止阀高度比闸阀小，但结构长度比闸阀长。

（4）启闭力矩大，启闭较费力，启闭时间较长。

（5）介质流动方向。公称压力 $PN \leqslant 16$ MPa 时，一般采用顺流，介质从阀瓣下方向上流；公称压力 $PN \geqslant 20$ MPa 时，一般采用逆流，介质从阀瓣上方向下流，这样可增强密封性。

（6）流体阻力大。因阀门体内介质通道较曲折，流体阻力大，动力消耗大。

（7）截止阀介质只能单方向流动，不能改变流动方向。

（8）全开时，阀瓣经常受冲蚀。

五、截止阀型号、规格及结构尺寸

截止阀型号、规格及结构尺寸见表 2-4。

表 2-4　截止阀型号、规格及结构尺寸

名称	型号	公称压力/MPa	公称通径/mm	主要结构尺寸/mm				适用范围		阀体材料
				L	H	D	D_0	温度/℃	介质	
内螺纹截止阀	J11T-16	1.6	15	90	118		55	≤100	油	灰铸铁
			20	100	118		55			
			25	120	146		80			
			32	140	171		100			
	J11W-16		40	170	187		100	≤200	水、蒸汽	
			50	200	206		120			
			65	260	231		140			
法兰截止阀	J41W-16	1.6	25	160	146	115	80	≤100	油	灰铸铁
			32	180	171	135	100			
			40	200	198	145	100			
			50	230	230	160	120			
	J41T-16		65	290	239	180	140	≤200	水、蒸汽	
			80	310	386	195	200			
			100	350	433	215	240			
			125	400	486	245	280			
			150	480	566	280	320			
	J41H-25	2.5	25	160	205	115	160	≤425	油、水、蒸汽	铸钢
			32	180	290	135	160			
			40	200	317	145	160			

名称	型号	公称压力/MPa	公称通径/mm	主要结构尺寸/mm				适用范围		阀体材料
				L	H	D	D_0	温度/℃	介质	
法兰截止阀	J41H-25	2.5	50	230	346	160	180	≤425	油、水、蒸汽	铸钢
			65	290	370	180	200			
			80	310	402	195	240			
			100	350	505	230	280			
	J41H-40	4.0	25	160	295	125	160	≤425	油、水、蒸汽	铸钢
			32	190	308	135	160			
			40	200	345	145	200			
			50	230	396	160	240			
			65	290	428	180	280			
			80	310	462	195	320			
			100	350	506	230	360			
			125	400	556	270	400			
			150	480	683	300	450			

第三节　旋塞阀

塞子绕其轴线旋转而启闭通道的阀门，叫做旋塞阀。

一、旋塞阀的用途与性能参数

旋塞阀一般用于低压、中压、小口径、温度不高的场合，作为截断、分配和改变介质流向使用。直通式旋塞阀主要用于截断介质流动，三通旋塞阀、四通旋塞阀则多用于改变介质流动方向或进行介质分配。在用于高温场合时，可采用提升式旋塞阀，旋塞顶端设计有提升机械。开启时，先提起旋塞与阀门体密封面脱开。此阀扭矩小，密封面磨损小，寿命长。旋塞阀的主要性能参数范围是：

公称直径 $DN15 \sim 200$mm；

公称压力 $PN0.6 \sim 4.0$MPa；

工作温度 $t \leqslant 450℃$。

二、旋塞阀的种类

根据结构形式，旋塞阀的种类见图 $2-5$。

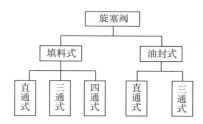

图 $2-5$　旋塞阀种类方框图

三、旋塞阀的结构

旋塞阀主要由阀门体、塞子和填料压盖等组成，见图 $2-6$。

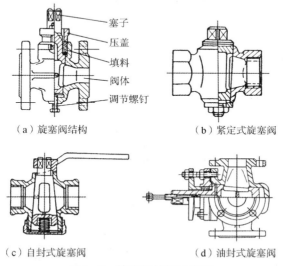

（a）旋塞阀结构　　　　　　　（b）紧定式旋塞阀

（c）自封式旋塞阀　　　　　　（d）油封式旋塞阀

图 $2-6$　旋塞阀结构示意图

1. 阀门体结构

阀门体结构有直通式、三通式、四通式。

2. 塞子

塞子是旋塞阀的启闭件。塞子与阀杆成一体。塞子顶部加工成方头，用扳手进行启闭。塞子与阀门体的密封面由本体直接加工而成，锥度一般为 1:6 或 1:7，密封面的精度要求高，粗糙度要求低。塞子分为有油润滑和无油润滑两种。在低压场合亦可用无油润滑的衬套结构，即在阀门体上衬有聚四氟乙烯套。三通式旋塞阀的塞子通道成 L 形、T 形，L 通道有三种分配形式，见图 2-7；T 形通道有四种分配形式；四通旋塞阀的塞子有两个 L 形通道。三种分配形式，见图 2-8。

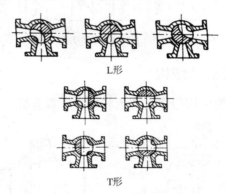

图 2-7   L 形和 T 形三通旋塞阀分配形式示意图

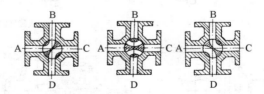

图 2-8   四通旋塞三种分配形式示意图

3. 密封

为了保证密封，必须沿塞子轴线方向施加作用力，使密封面紧密接触，形成一定的密封压力。根据作用力的方式不同，旋塞阀按密封形式分四种。

（1）紧定式。拧紧塞子下端的螺母，使塞子与阀门体密封面紧密接触。这种旋塞阀结构简单，一般用于 $PN \leqslant 0.6\mathrm{MPa}$。

（2）自封式。靠介质自身的压力使塞子与阀门体密封面紧密接触。介质由塞子内的小孔进入倒装的塞子大头下端空腔，顶住塞子而密封。介质压力越大，则密封性能越好，其弹簧起着预紧的作用。它适用于压力较高、口径较大的旋塞阀。

（3）填料式。靠拧紧填料压盖上的螺母，使填料压紧塞子与阀门体密封面紧密接触，防止介质内漏和外漏。

（4）油封式。通过注油孔向阀内注入润滑油脂，使塞子与阀门体之间形成一层很薄的膜，起密封和增加润滑的作用，它启闭省力，密封可靠，寿命长，其使用温度由润滑脂决定，适用于较高压力的场所。

四、旋塞阀的特点

（1）结构简单，外形尺寸小，重量轻。

（2）流体阻力小，介质流经旋塞阀时，流体通道可以不缩小，减小了流体阻力小。

（3）启闭迅速、方便，介质流动方向不受限制。

（4）启闭力矩大，启闭费力。因阀门体与塞子是靠锥面密封，其接触面积较大。但若采用润滑的结构，则可减少启闭力矩。

（5）密封面为锥面，密封面较大，易磨损；高温下容易产生变形而被卡住。

（6）锥面加工（研磨）困难，难以保证密封，且不易维修。但若采用油封结构，可提高密封性能。

五、旋塞阀型号、规格及结构尺寸

旋塞阀型号、规格及结构尺寸见表 2-5。

表 2-5 旋塞阀型号、规格及结构尺寸

名称	型号	公称压力/MPa	公称通径/mm	主要结构尺寸/mm				适用范围		阀体材料
				L	H	D	D_0	温度/℃	介质	
内螺纹旋塞	X13W -10	1.0	15	80	99			≤100	油	灰铸铁
			20	90	124					
			25	110	133					
	X13T -10	1.0	32	130	152				水、蒸汽	
			40	150	202					
			50	170	260					
法兰旋塞	X43W -10	1.0	25	110	150	115		≤100	油	灰铸铁
			32	130	170	135				
			40	150	210	145				
			50	170	240	160				
			65	220	295	180				
	X43T -10	1.0	80	250	332	195			水、蒸汽	
			100	300	425	215				
			125	350	482	245				
			150	400	510	280				
			200	460	705	335				

第四节　球阀

球体绕垂直于通道的轴线旋转而启闭通道的阀门，叫做球阀。

一、球阀的用途与性能参数

球阀适用于截断，改变介质流向，分配介质的管道使用。

直通球阀用于截断介质，应用最为广泛。多通球阀可改变介质流动方向或进行分配，球阀已广泛应用于长输管线。球阀的性能参数范围是：

公称直径 DN10 ~ 700mm；

公称压力 PN1. 6 ~ 32MPa；

工作温度 t≤150℃。

二、球阀的种类

根据结构形式，球阀的种类见图2-9。

图2-9　球阀种类方框图

三、球阀的结构

球阀主要由阀门体、球体、阀座、阀杆及传动装置等组成，见图2-10。

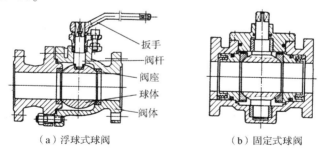

（a）浮球式球阀　　　　　（b）固定式球阀

图2-10　球阀结构示意图

（一）阀门体

根据阀门体通道形式，分为直通球阀、三通球阀及四通球阀。阀门体结构有整体式、双开式、三开式三种，整体式阀门体一般用于较小口径的球阀；双开式、三开式阀门体适用于中、大口径球阀。

（二）球体

球体是球阀的启闭件，其密封面是球体表面。球体表面精度要求较高，粗糙度要求较低。直通球阀，球体上的通道是直通的；三通球阀的球体通道有 Y 形、L 形、T 形三种。其分配形式与旋塞阀相同。根据球体在阀门体内的固定方式，球阀可分为浮动式球阀和固定式球阀两种。

（三）浮动式球阀

图 2-10（a）是浮动式球阀，它的球体是可以浮动的。在介质压力作用下球体被压紧到出口侧的密封圈上，使其密封。这种结构简单，单侧密封，密封性能好，但密封面承受力很大，启闭力矩也大。一般适用于中、低压，中、小口径（公称直径 $DN \leqslant 200\text{mm}$）的球阀。

（四）固定式球阀

图 2-10（b）是固定式球阀，它的球体是由轴承支承固定的，只能转动，不能产生水平移动。为了保证密封性，它必须有能够产生推力的浮动阀座，使密封圈压紧在球体上。其结构较复杂，外形尺寸大，启闭力矩小。适用于高压、大口径（公称直径 $DN \geqslant 200\text{mm}$）球阀。

（五）阀杆

阀杆下端与球体活动连接，可带动球体转动。球体的启闭动作根据压力、口径的大小选用扳手，或采用气动、液动、电动或各种联动实施。

四、球阀的特点

球阀是在旋塞阀的基础上发展起来的一种阀门。它的特点是：

（1）中、小口径球阀结构较简单，体积较小，重量较轻。

（2）流体阻力小，各类阀门中球阀的流体阻力最小。这是因为全开时阀门体通道、球体通道和连接管道的截面积相等，并成直线相通。

（3）启闭迅速、方便，介质流动方向不受限制。

（4）启闭力矩比旋塞阀小。这是因为球阀密封面接触面积较小，启闭比旋塞阀省力。

（5）密封性能较好，这是因为球阀密封圈材料多采用塑料，摩擦系数较小；球阀全开时，密封面不会受到介质的冲蚀。

（6）球阀的介质流动方向不受限制。球阀压力、直径使用范围较宽，但使用温度受密封圈材料的限制，不能用于较高温度的场合。

（7）球阀的缺点是球体加工和研磨均较困难。

五、球阀型号、规格及结构尺寸

球阀型号、规格及结构尺寸见表 2-6。

表 2-6　球阀型号、规格及结构尺寸

名称	型号	公称压力/MPa	公称通径/mm	主要结构尺寸/mm				适用范围		阀体材料
				L	H	D	D_0	温度/℃	介质	
内螺纹球阀	Q11F-16	1.6	15	90	80	160		≤150	油、水、蒸汽	灰铸铁
			20	100	85	160				
			25	115	92	160				
			32	130	118	250				
			40	150	120	250				
			50	170	145	350				
			65	200	154					
	Q11F-25	2.5	15	90	76			≤150	油、水、蒸汽	碳钢
			20	100	81					
			25	115	92					
			32	130	114					
			40	150	125					
			50	170	144					
			65	200	154					

名称	型号	公称压力/MPa	公称通径/mm	主要结构尺寸/mm				适用范围		阀体材料
				L	H	D	D_0	温度/℃	介质	
法兰球阀	Q41F-16C	1.6	25	160	103	160	115	≤150	油、水、蒸汽	WCB
			32	165	103	160	135			
			40	180	122	250	145			
			50	200	132	250	160			
			65	220	157	300	180			
			80	250	177	300	195			
			100	280	203	400	215			
	Q41F-25	2.5	32	165	134	250	135	≤150	油、水、蒸汽	WCB
			40	185	140	250	145			
			50	200	155	300	160			
			65	220	160	300	180			
			80	250	200	400	195			
			100	320	222	400	215			
			150	400	295	1200	280			

注：L_0 为扳手长度。

第五节　蝶阀

蝶板在阀门体内绕着固定轴旋转的阀门，叫做蝶阀。

一、蝶阀的用途与性能参数

蝶阀可用于截断介质，也可用于调节流量，是多用于低压和中、大口径的阀门。国外蝶阀公称直径已达 5m 以上。密封圈材料一般采用橡胶、塑料，但工作温度较低；如采用金属或其他耐高温材料作密封圈，则可用于高温。蝶阀性能参数是：

公称压力 $PN0.25 \sim 1.6MPa$；

公称直径 $DN100 \sim 3000\text{mm}$；

工作温度 $t \leqslant 150℃$。

二、蝶阀的种类

根据结构形式，蝶阀的种类见图 2-11。

图 2-11　蝶阀种类方框图

三、蝶阀的结构

蝶阀主要由阀门体、阀杆、蝶板、密封圈和传动装置等组成。蝶阀的结构见图 2-12。

（一）阀门体

阀门体呈圆筒状，上下部位各有一个圆柱形凸台，用以安装阀杆。蝶阀与管道多采用法兰连接；如采用对夹连接，其结构长度最小。

（二）阀杆

阀杆是蝶板的转轴，轴端采用填料函密封结构，可防止介质外漏。阀杆上端与传动装置直接相接，用以传递力矩。

（三）蝶板

蝶板是蝶阀的启闭件。根据蝶板在阀门体中的安装方式，蝶阀分为 4 种形式。

（1）中心对称板式，见图 2-12（a）。阀杆是固定于蝶板的径向中心位置孔上，阀杆和蝶板垂直安装。它的流体阻力小，但密封面容易探伤，易泄漏，一般适用于流量调节。

（2）斜置板式，见图 2-12（b）。阀杆垂直安置，蝶板倾斜安置。它密封性好，但阀门体密封面的倾角加工和维修较困难。

（3）偏置板式，见图 2-12（c）。阀杆和蝶板都垂直安置，蝶板与阀座密封圈、阀杆偏心，流体阻力较大。国内广泛采用这种形式的蝶阀。

（4）杠杆式，见图2-12(d)。阀杆水平安置，偏离阀座和通道中心线，采用杠杆机械带动蝶板启闭。它的密封性好，密封面不易探伤，密封面加工和维修方便，但结构较复杂。

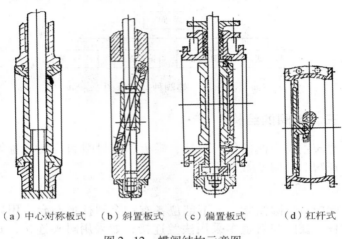

（a）中心对称板式　（b）斜置板式　（c）偏置板式　（d）杠杆式

图2-12　蝶阀结构示意图

四、蝶阀的特点

（1）结构简单，外形尺寸小。由于结构紧凑，结构长度短，体积小，重量轻，适用于大口径阀门。

（2）流体阻力较小。全开时，通道有效流体通过面积较大，因而流体阻力较小。

（3）启闭方便迅速，调节性能好。蝶板旋转90°即可完成启闭。通过改变蝶板的旋转角度可以分级控制流量。

（4）启闭力矩小。由于转轴两侧蝶板受介质的作用力基本相等，旋转时，产生力矩的方向相反，因而启闭较省力。

（5）低压密封性能好。密封材料一般采用橡胶、塑料，所以密封性能好。受密封圈材料的限制，蝶阀的使用压力和工作温度范围较小。

五、蝶阀型号、规格及结构尺寸

蝶阀型号、规格及结构尺寸见表2-7。

表 2-7　蝶阀型号、规格及结构尺寸

名称	型号	公称压力/MPa	公称通径/mm	主要结构尺寸/mm			适用范围		阀体材料
				L	H	D_0	温度/℃	介质	
手动调节型对夹式蝶阀	DTD71F-10	1.0	40	50	167	173	≤200	油、水煤气、蒸汽	铸铁
			50	51	177	193			
			65	57	198	221			
	DTD71F-10P		80	63	205	241		酸、碱、氨	1Cr18Ni9Ti
			100	67	215	275			
			125	73	240	315			
			150	84	260	355			
			200	94	293	425			
	D73H-16C	1.6	40	50	168	178	<400	油、水蒸气	碳钢
			50	52	178	198			
	D73Y-16P		65	58	199	226			1Cr18Ni9Ti
	DTD71F-16C		80	64（49）	207	246	≤200	海水、污水、煤气、蒸汽	碳钢
			100	68（56）	225	280			
			125	75（64）	260	320			
	DTD71H-16C		150	86（70）	275	360	≤400		
	（D71H-16C）		200	96	310	430	<425		
	D73H-25C	2.5	40	51	168	178	<400	油、水蒸气	碳钢
			50	53	178	198			
	D73Y-25P		65	59	199	228			1Cr18Ni9Ti
	DTD71H-25		80	65（49）	207	246	<400	海水、污水、煤气、蒸汽	碳钢
			100	70（56）	225	280	≤200		
	DTD71F₁-25		125	77（64）	260	320			
			150	88（70）	275	360	<425		
	（D71H-25）		200	98	310	430			

注：（　）内数字为不同厂家的产品尺寸。

第六节　止回阀

启闭件(阀瓣)借介质作用力,自动阻止介质逆流的阀门,叫做止回阀。

一、止回阀的用途与性能参数

管路中,凡是不允许介质逆流的场合均需安装止回阀。止回阀的主要性能参数是:

公称压力 $PN0.25 \sim 32MPa$;

公称直径 $DN10 \sim 1800mm$;

工作温度 $t \leqslant 550℃$。

二、止回阀的种类

止回阀的种类很多,见图2-13。

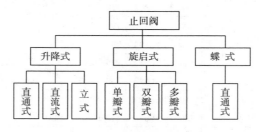

图2-13　止回阀种类方框图

三、止回阀的结构

止回阀属于自动阀的一种,其结构一般由阀门体、阀门盖、阀瓣、密封装置等组成,见图2-14～图2-18。

(一)升降止回阀

升降止回阀见图2-14和图2-15。阀瓣沿着阀座中心线作升降运动,其阀门体与截止阀阀门体结构一样。在阀瓣导向筒下部或阀门盖导向筒上部加工出一个泄压孔。当阀瓣组件上升时，通过泄压孔排出筒内介质，以减小阀瓣开启的阻力。它的液体阻力较大，只能装在水平管上。如在阀瓣上部设置辅助弹簧，阀瓣组件在弹簧张力的作用下关闭，则可装在任何位置。高温、高压可采用自紧式密封结构，密封圈采用石棉填料或用不锈钢车成，借助介质压力压紧密封圈来达到密封，介质压力越高，密封性能越好，如图 2-15 所示。

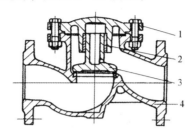

图 2-14　升降式止回阀结构示意图(一)
1—阀门盖；2—衬套；3—阀瓣；4—阀门体

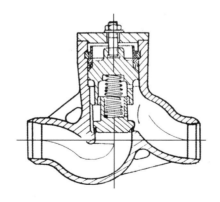

图 2-15　升降式止回阀结构示意图(二)

（二）旋启式止回阀

旋启式止回阀见图 2-16，阀瓣是椭圆形的。阀瓣组件绕阀门座通道外固定轮作旋转运动。旋启式止回阀由阀门体、阀门盖、阀瓣、摇杆等组成；阀门通道成流线形，流体阻力较小。

根据阀瓣的数目，可分为单瓣、双瓣、多瓣三种，其工作原理相同，多瓣止回阀适用的公称直径为 $DN \geqslant 600$mm。

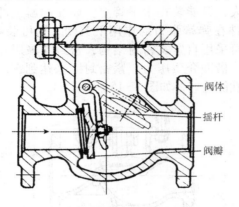

图 2-16　旋启式止回阀结构示意图

（三）蝶式止回阀

蝶式止回阀见图 2-17，其形状与蝶阀相似，阀座是倾斜的。蝶板（阀瓣）旋转轴水平安装，位于阀门内通道中心线偏上方，使转轴下部蝶板面积大于上部，当介质停止流动或逆流时，蝶板在自身重量和逆流介质作用下，旋转到阀座上。这种止回阀的结构简单，但密封性差，只能安装在水平管道上。

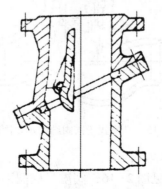

图 2-17　蝶式止回阀结构示意图

（四）升降式底阀

升降式底阀见图2-18。升降式底阀是一种专用止回阀。它主要由阀门体、阀瓣、过滤网等组成。它主要安装在不能自吸，或者没有设置抽真空的水泵引水管尾端。使用时，水必须把底阀淹埋，其作用是防止进入吸水管中的水或启动前预灌入水泵和吸水管中的水倒流，保证水泵正常启动。过滤网的作用是阻止杂物进入吸水管，以避免水泵及有关设备受到损害。在加油机的吸入口安装的双阀瓣止回阀，一般没有过滤器。

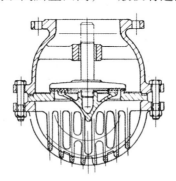

图2-18　升降式底阀结构示意图

四、止回阀型号、规格及结构尺寸

止回阀型号、规格及结构尺寸见表2-8。

表2-8　止回阀型号、规格及结构尺寸

名称	型号	公称压力/MPa	公称通径/mm	主要结构尺寸/mm			适用范围		阀体材料
				L	H	D	温度/℃	介质	
内螺纹升降式止回阀	H11W-16	1.6	32	140	74		≤100	油、煤气	灰铸铁
	H11W-16K		40	170	90				可锻铸铁
	H11T-16		50	200	100		≤200	水、蒸汽	灰铸铁
			65	260	145				

名称	型号	公称压力/MPa	公称通径/mm	主要结构尺寸/mm			适用范围		阀体材料
				L	H	D	温度/℃	介质	
法兰升降式止回阀	H41W-16	1.6	50	230	150	165	≤100	油	灰铸铁
			65	290	160	185			
			80	310	185	200			
	H41H-16		100	350	200	220	≤200	水、蒸汽	
			125	400	232	250			
			150	480	268	285			
			200	600	312	340			
	H41H-25	2.5	50	230	155	160	≤400	油、水、蒸汽	碳钢
			65	290	165	180			
			80	310	180	195			
	(H41H-40)	4.0	100	350	200	230			
			125	400	225	270			
			150	480	265	300			
			200	600	318	360(375)			
法兰立式升降式止回阀	H42H-25	2.5	40	125		145	≤400	油、水、蒸汽	碳钢
			50	140		160			
			65	160		180			
			80	185		195			
			100	210		230			
			125	275		270			
			150	300		300			
法兰旋启式止回阀	H44W-10	1.0	50	230	137	160	≤100	油、煤气	回铸铁
			65	290	142	180			
			80	310	161	195			
			100	350	178	215			
			150	480	233	280			

名称	型号	公称压力/MPa	公称通径/mm	主要结构尺寸/mm			适用范围		阀体材料
				L	H	D	温度/℃	介质	
法兰旋启式止回阀	H44T-10	1.0	200	500	262	335	≤200	水、蒸汽	回铸铁
			250	600	299	390			
			300	700	350	440			
			350	800	396	500			
			400	900	448	565			
	H44H-25	2.5	50	230	177	160	≤400	油、水、蒸汽	碳钢
			65	290	185	180			
			80	310	195	195			
			100	350	217	230			
			150	480	290	300			
			200	550	300	360			
			250	650	401	435			
			300	750	441	485			
			350	850		550			
			400	950	510	610			
	H44H-40	4.0	50	230	160	160	≤425	油、水、蒸汽	碳钢
			65	290	192	180			
			80	310	200	195			
			100	350	220	230			
			150	480	276	300			
			200	550	342	375			
			250	650	401	445			
			300	750	440	510			
			350	850	454	576			
			400	950	510	655			

第七节　安全阀

当管道或设备内介质超过规定压力值时，启闭件(阀瓣)自动开启排放，低于规定值时自动关闭，对管道或设备起保护作用的阀门，叫安全阀。

一、安全阀的用途与性能参数

(一)安全阀的用途与类型选择

安全阀能防止管道、容器等承压设备介质压力超过允许值，以确保设备及人身安全。根据使用条件不同选择不同类型安全阀，见表2-9。

表2-9　安全阀类型选用

使用条件	安全阀种类
液体介质	比例作用式安全阀，如微开启式安全阀
气体介质，必需的排放量较大	两段作用全开式安全阀
必需的排放量是变化的	必需排放量较大时，用几个两段作用式安全阀，其总排量等于最必需排量；必需排量较小时，用比例式安全阀
附加背压为大气压，为固定值，或者变化量较小(相对于开启压力而言)	常规安全阀
附加背压是变化的，且变化量较大(相对于开启压力而言)	背压平衡式安全阀
要求反应迅速	直接作用式安全阀，如弹簧直接载荷式安全阀
必需排放量很大，或者口径和压力都较大，密封要求严	先导式安全阀
密封要求高，开启压力和工作压力很接近	带补充载荷的安全阀

使用条件	安全阀种类
移动式或受振动的受压设备	弹簧式安全阀
不允许介质向周围环境逸出，或者需要回收排放介质	封闭式安全阀
介质可以释放到周围环境中，介质温度较高	开放(不封闭)式安全阀
介质温度很高	带散热套安全阀

（二）安全阀的性能参数

安全阀的主要性能参数是：

公称压力 PN1.0 ~ 32MPa；

公称直径 DN10 ~ 300mm；

工作温度 $t \leqslant 600℃$。

二、安全阀的种类

安全阀的种类很多，根据结构形式其种类见图 2-19。

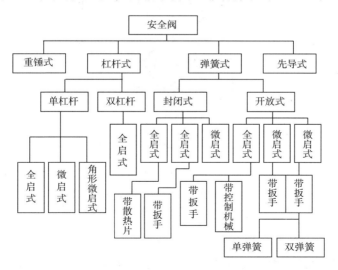

图 2-19 安全阀种类方框图

三、安全阀的结构

安全阀按结构形式可分四大类。

（一）重锤式安全阀

重锤式安全阀，它以重锤为载荷，直接施加在阀瓣上。这种结构形式缺点很多，目前很少采用。

（二）杠杆重锤式安全阀

杠杆重锤式安全阀见图2-20。它由阀门体、阀门盖、阀杆、导向叉（限制杠杆上下运动）、杠杆与重锤（起调节阀瓣压力的作用）、棱形支座和力座（起提高动作灵敏度的作用）、顶尖座（起阀杆定位作用）、节流环（与反冲盘一样的作用）、支头螺钉与固定螺钉（起固定重锤位置的作用）等零件组成。通常用于较低压力的系统。重锤通过杠杆加载于阀瓣上，载荷不随开启高度而变化，但对振动较敏感，回座性能较差。

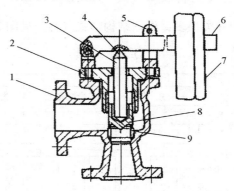

图2-20　杠杆重锤式安全阀结构

1—阀门体；2—阀门盖；3—阀杆；4—顶尖座；

5—导向叉；6—杠杆；7—重锤；8—阀瓣；9—阀座

（三）弹簧式安全阀

弹簧式安全阀见图2-21。它由阀门体、阀门盖、阀瓣、阀座、弹簧和上下弹簧座、调节圈、反冲盘等组成。弹簧式安全阀是通过作用在阀瓣上的弹簧力来控制阀瓣的启闭。具有结构紧凑，体积小、重量轻，启闭动作可靠，对振动不敏感等优点。其缺点是作用在阀瓣上的载荷随开启高度而变化。对弹簧的性能要求很严，制造困难。

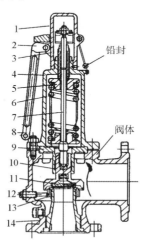

图 2-21　弹簧全开启式安全阀
1—保护罩；2—扳手；3—调节螺套；4—阀门盖；5—上弹簧座；
6—弹簧；7—阀杆；8—下弹簧座；9—导向座；10—反冲盘；
11—阀瓣；12—定位螺杆；13—调节阀；14—阀座

1. 阀门体和阀门盖

阀门体的进口通道与排放口通道成 90°。弹簧安全阀有封闭式和开放(不封闭)式两种。封闭式安全阀的出口通道与排放管道相连，将容器或设备中的介质排放到预定地方。开放(不封闭)式安全阀没有排放管路，直接将介质排放到周围大气中，适用无污染的介质。阀门盖是筒状，内装阀杆、弹簧等零件，用法兰螺栓连接在阀门体上。

2. 阀瓣和阀座

按阀瓣的开启高度，安全阀分为微开启式和全开启式两种。

微开启式安全阀见图2-22，主要用于液体介质的场合。阀瓣开启高度仅为阀座喉径的1/40～1/20，其阀瓣、阀座结构与截止阀相似，在阀座上安置调节圈。全开启式安全阀见图2-21，主要用于气体或蒸汽的场合。阀瓣开启高度等于或大于阀座喉径的1/4。在阀座上安置调节圈，在阀瓣上安置反冲盘。

3. 弹簧与上下弹簧座

弹簧固定于上下弹簧座之间。弹簧的作用力通过下弹簧座和阀杆作用在阀瓣上。上弹簧座靠调节螺栓定位，拧动调节螺栓可以调节弹簧作用力，从而控制安全阀的开启压力。

4. 调节圈

调节圈是调节启闭压差的零件。

5. 反冲盘

反冲盘和阀瓣连接在一起，它起着改变介质流向，增加开启高度的作用，用于全启式安全阀上。

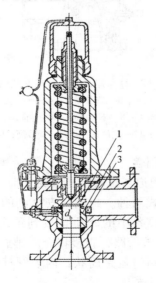

图2-22　弹簧微开启式安全阀
1—阀瓣；2—阀座；3—调节圈

(四)先导式安全阀

先导式安全阀见图2-23。它由主阀和副阀组成,下半部叫主阀,上半部叫副阀,是借副阀的作用带动主阀动作的安全阀。当介质压力超过额定值时,压缩副阀弹簧,副阀瓣上升开启,介质进入活塞缸的上方。由于活塞缸的面积大于上阀瓣的面积,压力推动活塞下移,驱动上阀瓣向下移动开启,介质向外排出。当介质压力降到低于额定值时,在介质的压力作用下使上阀瓣关闭。先导式安全阀主要用于大口径和高压场合。

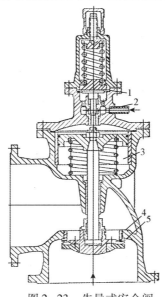

图2-23 先导式安全阀

1—隔膜;2—副阀瓣;3—活塞缸;4—主阀座;5—主阀瓣

(五)安全阀进出口法兰

安全阀的进口和出口分别处于高压和低压,故其连接法兰也相应采用不同的压力级别。

当介质经安全阀排放时,其压力降低,体积膨胀,流速增大。因此,通常要求安全阀的出口直径大于进口直径,以保证排放通畅。

四、安全阀的工作原理和要求

(一)安全阀的工作原理

安全阀阀瓣上方弹簧的压紧力或重锤通过杠杆加载于阀瓣上,其压力与介质作用在阀瓣的正常压力平衡,这时阀瓣与阀座密封面密合,当介质的压力超过额定值时,弹簧被压缩或重锤被顶起,阀瓣失去平衡,离开阀座,介质排放出;当介质压力降到低于额定值时,弹簧的压紧力或重锤通过杠杆加载于阀瓣上的压力大于作用在阀瓣上的介质压力,阀瓣回落在阀座上与密封面密合。

(二)安全阀的动作和排量要求

(1)灵敏度要高。当管路或设备中的介质压力达到开启压力时,安全阀应能及时开启;当介质压力恢复正常时,安全阀应及时关闭。

(2)必须具有规定的排放能力。在额定排放压力下,安全阀应达到规定的开启高度,同时达到额定排量。

五、安全阀型号、规格及结构尺寸

安全阀型号、规格及结构尺寸见表2-10。

表2-10 安全阀型号、规格及结构尺寸

名称	型号	公称压力/MPa	公称通径/mm	主要结构尺寸/mm			适用范围		阀体材料
				L	H_1	H_2	温度/℃	介质	
弹簧微启封闭式安全阀	CA41H-16C	1.6	25	100	85	194	≤300	油、水、空气	碳钢
			32	115	100	266			
			40	120	105	318			
			50	130	115	350			
			80	160	135	385			
			100	170	160	525			

名称	型号	公称压力/MPa	公称通径/mm	主要结构尺寸/mm			适用范围		阀体材料
				L	H_1	H_2	温度/℃	介质	
弹簧微启封闭式安全阀	A41H-25 法兰入口 D25 出口 D16	2.5	25	100	85	194	≤300	油、水、空气	碳钢
			32	115	100	266			
			40	120	105	318			
	A41H-40 法兰入口 D40 出口 D16	4.0	50	130	115	350			
			80	160	135	570			
			100	170	160	580			
弹簧全启封闭式安全阀	CA42Y-16C	1.6	32	115	100	285	≤300	油、空气	碳钢
			40	120	110	278			
			50	135	120	332			
			80	170	135	478			
			100	205	160	590			
			150	255	230	650			
			200	300	260				
	A42Y-40	4.0	32	115	100	285	≤300	油、空气	碳钢
			40	130	120	278			
			50	145	130	332			
			80	170	150	478			
			100	205	185	590			
			150	255	230	650			
			200	300	260				

第八节　减压阀

通过启闭件的节流，将进口压力降低到某一预定的出口压力，并借阀后压力的直接作用，使阀后压力自动保持在一定范围内的阀门，叫做减压阀。

一、减压阀的用途与性能参数

减压阀用于需要将介质压力降低到某种规定压力范围的场合。常用减压阀的主要性能参数是：

公称压力 $PN1 \sim 6.4\text{MPa}$；

公称直径 $DN20 \sim 300\text{mm}$；

工作温度 $t \leqslant 450℃$。

二、减压阀的种类

按照结构形式，减压阀的种类见图 $2-24$。

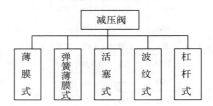

图 $2-24$　减压阀种类方框图

三、减压阀的结构

(一)活塞式减压阀

用活塞机械来带动阀瓣作升降运动的减压阀，见图 $2-25$。主要由阀门体、阀门盖、阀杆、上阀瓣、副阀瓣、活塞、膜片和调节弹簧等组成。它与薄膜式减压阀相比，体积较小，阀瓣开启行程大，耐温性能好，但灵敏度较低，制造困难。普遍用于蒸汽和空气等介质的管道中。

(二)弹簧薄膜式减压阀

用弹簧和薄膜作传感元件来带动阀瓣升降的减压阀，见图 $2-26$，主要由阀门体、阀门盖、阀杆、阀瓣、薄膜、调节弹簧和调节螺钉等组成。除具有薄膜式的特点外，其耐压性能比薄膜式高。

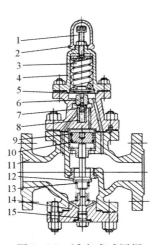

图 2-25　活塞式减压阀

L—调节螺钉；2—保护罩；3—弹簧；4—帽盖；5—膜片；
6—脉冲阀座；7—脉冲阀瓣；8—脉冲阀弹簧；9—活塞环；
10—活塞；11—阀门体；12—主阀瓣；13—主阀瓣弹簧；14—端盖；15—堵头

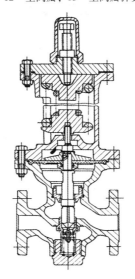

图 2-26　弹簧薄膜式减压阀

（三）薄膜式减压阀

用薄膜作传感件来带动阀瓣升降的减压阀，见图2-27。它与活塞式减压阀相比，具有结构简单，灵敏度高。但薄膜的行程小，容易老化损坏，受温度的限制，耐压能力低。通常用于水、空气等温度和压力不高的条件下。

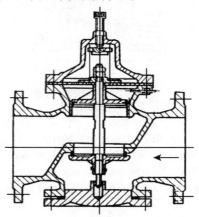

图2-27　薄膜式减压阀

（四）波纹管式减压阀

用波纹管机械来带动阀瓣升降的减压阀，见图2-28。它适用于蒸汽和空气等介质管道中。

（五）杠杆式减压阀

用杠杆机械来带动阀瓣升降的减压阀。常用在气体管道中，例如，在家用液化气炉上作减压用。

四、减压阀的工作原理

各种减压阀的工作原理基本相同，以常用的活塞式减压阀为例说明，见图2-25。当调节弹簧处于自由状态时，阀瓣呈关闭状态。拧动调节螺钉，顶开脉冲阀瓣，介质由进口通道经脉冲阀进入活塞上方。由于面积比主阀瓣面积大，受力后向下移

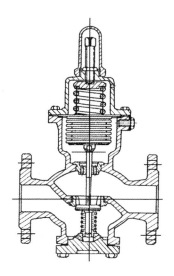

图 2-28　波纹管式减压阀

动使主阀瓣开启，介质流向出口并同时进入膜片下方，出口压力逐渐上升至所要求的数值，此时与弹簧力平衡。如果出口压力增高，原来的平衡状态遭到破坏，膜片下的介质压力大于调节弹簧的压力，膜片向上移动，脉冲阀瓣则向关闭方向运动，使流入活塞上方的介质减少，压力随之下降，引起活塞与主阀瓣上移，减少了主阀瓣的开度，出口压力也随之下降，达到新的平衡。反之，出口压力下降时，主阀瓣向开启方向移动，出口压力又随之上升，达到新的平衡。这样，可以使出口压力保持在一定范围内。

第九节　节　流　阀

通过阀瓣启闭程度来改变通道截面积，从而达到调节流量和压力的阀门，叫节流阀。

一、节流阀的用途和性能参数

节流阀用于调节介质流量和压力。截止型节流阀用于小口径管道，其调节范围较大，较精确；旋塞型节流阀用于中、小口径管道，蝶型节流阀用于大口径管道。

节流阀不宜当作截断阀使用。因其阀瓣组件长期用于节流，容易冲蚀密封面，影响密封性能。节流阀多采用截止型，其性能参数是：

公称直径 $DN3 \sim 200mm$；

公称压力 $PN \leqslant 32MPa$；

工作温度 $t \leqslant 450℃$。

二、节流阀的种类

根据结构形式，节流阀的种类见图 2-29。

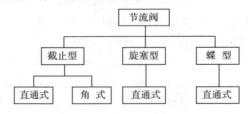

图 2-29　节流阀种类方框图

三、节流阀的结构

通常所说的节流阀指的是截止型节流阀。节流阀与截止阀的结构基本一样，所不同的是节流阀的阀瓣可起调节作用，将阀杆与阀瓣制成一体。图 2-30 是直通式节流阀的结构。

节流阀的阀瓣结构有多种形式，图 2-31 是节流阀阀瓣的不同结构形式。窗形结构用于较大的直径，塞形结构用于较小的直径，针形结构用于很小的直径。它们的共同特点是：阀瓣开启不同高度时，阀瓣与阀座之间所形成环形通路截面积也相应变化，调节阀座通道的截面积，就可调节压力和流量。为进行

精确的调节，节流阀阀杆螺纹的螺距比截止阀阀杆螺纹的螺
距小。

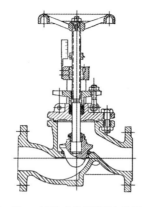

图 2-30　直通式节流阀结构示意图

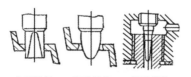

窗形结构　塞形结构　针形结构

图 2-31　节流阀阀瓣的结构形式

第十节　新推荐闸阀

为了防止油罐跑油、油罐之间串油及阀门渗油，近些年来
油料部门推荐选用新的闸阀。前期推荐用双密封闸阀，密封性
能确实好，号称"零泄漏阀"，但其售价太高，建设部门难以接
受。近期又推荐选用单闸板平板闸阀，密封性能也不错，售价
虽比普通闸阀高，但比双密封闸阀低的多，建设部门可以接受。
现将这两种闸阀介绍如下，供选择。

一、双密封闸阀

（一）不同的名称

双密封闸阀在不同的生产厂家，有不同的名称。如：北京世纪兴石化设备有限公司称"分动式双密封闸阀"，浙江佳力科技股份有限公司称"双重密封阀"，武汉英格森阀门制造有限公司称"零泄漏阀"，中远集团连云港远洋流体装卸设备公司称"双密封导轨阀"。

此阀的外形见图2-32，结构见图2-33。

图2-32 双密封闸阀的外形图

（二）共同的特点

不同厂家的产品其特点虽有差异，但有共同的特点：

（1）软、硬双密封，基本做到无泄漏；

（2）启动过程中，密封面脱离接触，基本无磨损，使用寿命长；

（3）不用将阀门拆下，即可维修。

（三）启动的方式

多数用手动，也有用蜗轮带动，还有用电动。

（四）适用范围

此阀门制造复杂、成本高，各厂家虽然做了很大努力，在售价上有所差异，但售价最低的也比同规格、同压力的普通闸

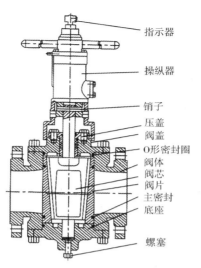

指示器

操纵器

销子
压盖
阀盖
O形密封圈
阀体
阀芯
阀片
主密封
底座

螺塞

图 2-33 双密封闸阀的结构示意图

阀高的多。所以目前该闸阀只适用于管线的关键部位，如油罐进出油管的第二道阀门。

（五）公称压力及外形尺寸

公称压力多数为 1.6MPa、2.5MPa，有的单位做到 4.0MPa、6.0MPa、10.0MPa。外形尺寸随规格、压力不同而异，同规格、同压力不同单位的产品，外形尺寸也不相同。

外形尺寸见图 2-34 与表 2-11～表 2-13。

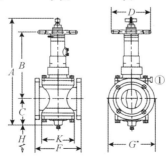

图 2-34 双密封闸阀的外形尺寸示意图

表 2-11   1.6MPa 双密封闸阀的外形尺寸

公称通径/mm	操纵器	外形尺寸/mm								
		A	B	C	D	F	G^*	H	K	①
50	KG04S	430	280	115	250	203	165	80	150	3/8″
65	KG04S	430	280	115	250	222	185	80	150	3/8″
80	KG04S	430	280	115	250	203	200	80	150	3/8″
100	KG05S	680	405	180	500	305	220	115	200	1/2″
125	KG05S	790	470	200	500	356	250	250	210	1/2″
150	KG05S	790	470	215	500	394	285	280	215	1/2″
200	KG06S	900	560	270	500	457	340	280	290	1/2″

注：① G^* 为参考数据，标准不同可略有变化。

表 2-12   4.0MPa 双密封闸阀的外形尺寸

公称通径/mm	操纵器	外形尺寸/mm								
		A	B	C	D	F	G^*	H	K	①
50	KG04S	430	280	115	250	230	160	80	150	3/8″
80	KG04S	430	280	115	250	230	200	80	150	3/8″
100	KG05S	680	405	180	500	305	230	130	200	1/2″
150	KG06S	800	520	230	500	403	300	200	250	1/2″

注：① G^* 为参考数据，标准不同可略有变化。

表 2-13   10.0MPa 双密封闸阀的外形尺寸

公称通径/mm	操纵器	外形尺寸/mm								
		A	B	C	D	F	G^*	H	K	①
50	KG05S	620	390	140	500	292	195	65	185	1/2″
80	KG05S	660	405	150	500	356	230	90	215	1/2″
100	KG06S	750	480	180	500	430	260	100	200	1/2″

注：① G^* 为参考数据，标准不同可略有变化。

本表摘编自中远集团某公司的产品样本，供参考。

二、单闸板平板闸阀

单闸板平板闸阀有手动单闸板平板闸阀 MA、伞齿轮单闸板平板闸阀 BA、气动单闸板平板闸阀 PA、液动单闸板平板闸阀 HA、电动单闸板平板闸阀 EA 5 种启动形式。防爆等级为 dⅡBT4。

远程控制参数为气动：压缩空气/氮气，0.4～0.7MPa；液动：机械油，4.0～6.4MPa；电动：AC380V/50Hz。闸阀公称直径$DN50～1600mm$，此处仅列了油库常用的$DN50～600mm$的闸阀，若需要大管径的可与厂家联系。公称压力有1.6MPa、2.0MPa、2.5MPa、4.0MPa、5.07MPa等，此处仅列了1.67MPa、2.0MPa、2.5MPa的闸阀，若需要大压力的可与厂家联系。

其外形外形尺寸见图2-35、图2-36与表2-14～表2-17。

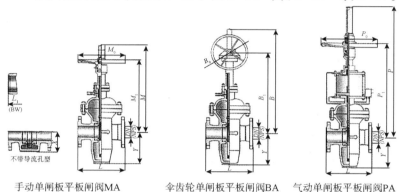

手动单闸板平板闸阀MA　　伞齿轮单闸板平板闸阀BA　　气动单闸板平板闸阀PA

图2-35　单闸板平板闸阀图（一）

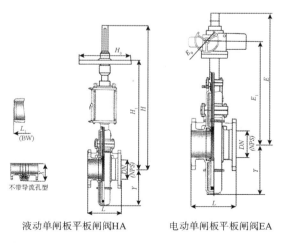

液动单闸板平板闸阀HA　　　电动单闸板平板闸阀EA

图2-36　单闸板平板闸阀图（二）

表 2-14　1.6MPa 单闸板平板闸阀（一）　　　　mm

DN	NPS	L (RF)	L_1 (BW)	手轮 MA			伞齿轮 BA			X (NGH)	Y (GH)
				M	M_1	M_0	B	B_1	B_0		
50	2	178	216	475	360	250				80	122
65	2½	191	241	535	425	300				90	152
80	3	203	283	600	460	300				100	178
100	4	229	305	700	535	350				110	220
150	6	267	403	910	685	350				145	345
200	8	292	419	1095	815	350	1235	900	310	170	420
250	10	330	457	1370	965	450	1510	1050	310	210	495
300	12	356	502	1470	1100	500	1610	1185	310	240	600
350	14	381	572	1730	1250	600	1890	1345	460	265	640
400	16	406	610	1870	1375	650	2030	1470	460	290	720
450	18	432	660	2185	1485	700	2415	1625	460	325	798
500	20	457	711	2335	1575	800	2565	1715	460	360	875
600	24	508	813	2815	1995	1000	3045	2135	460	425	1030

表 2-15　1.6MPa 单闸板平板闸阀（二）　　　　mm

DN	NPS	L (RF)	L_1 (BW)	气动 PA		液动 HA		电动 EA		X (NGH)	Y (GH)
				P	P_1	H	H_1	E	E_1		
50	2	178	216					690	572	80	122
65	2½	191	241					747	637	90	152
80	3	203	283	1075	820	1075	820	812	672	100	178
100	4	229	305	1240	945	1240	945	960	795	110	220
150	6	267	403	1400	1065	1400	1065	1170	945	145	345
200	8	292	419	1595	1210	1595	1210	1355	1075	170	420
250	10	330	457	1800	1370	1800	1370	1630	1095	210	495
300	12	356	502	2090	1590	2090	1590	1730	1230	240	600
350	14	381	572	2420	1845	2420	1845	2020	1417	265	640
400	16	406	610	2615	1995	2615	1995	2160	1532	290	720
450	18	432	660	2895	2205	2895	2205	2500	1651	325	798
500	20	457	711	3160	2405	3160	2405	2650	1741	360	875
600	24	508	813	3885	2955	3885	2955	3130	2661	425	1030

表 2-16 2.0MPa、2.5MPa 单闸板平板闸阀（一） mm

DN	NPS	L (RF)	L₁ (BW)	手轮 MA			伞齿轮 BA			X (NGH)	Y (GH)
				M	M₁	M₀	B	B₁	B₀		
50	2	178	216	475	360	250				80	122
65	2½	191	241	535	425	300				90	152
80	3	203	283	600	460	300				100	178
100	4	229	305	700	535	350				110	220
150	6	267	403	910	685	350				145	345
200	8	292	419	1095	815	350	1235	900	310	170	420
250	10	330	457	1370	965	450	1510	1050	310	210	495
300	12	356	502	1470	1100	500	1610	1185	310	240	600
350	14	381	572	1730	1250	600	1890	1345	460	265	640
400	16	406	610	1870	1375	650	2030	1470	460	290	720
450	18	432	660	2185	1485	700	2415	1625	460	325	798
500	20	457	711	2335	1575	800	2565	1715	460	360	875
600	24	508	813	2815	1995	1000	3045	2135	460	425	1030

表 2-17 2.0MPa、2.5MPa 单闸板平板闸阀（二） mm

DN	NPS	L (RF)	L₁ (BW)	气动 PA		液动 HA		电动 EA		X (NGH)	Y (GH)
				P	P₁	H	H₁	E	E₁		
50	2	178	216					690	572	80	122
65	2½	191	241					747	637	90	152
80	3	203	283	1075	820	1075	820	812	672	100	178
100	4	229	305	1240	945	1240	945	960	795	110	220
150	6	267	403	1400	1065	1400	1065	1170	945	145	345
200	8	292	419	1595	1210	1595	1210	1355	1075	170	420
250	10	330	457	1800	1370	1800	1370	1630	1095	210	495
300	12	356	502	2090	1590	2090	1590	1730	1230	240	600
350	14	381	572	2420	1845	2420	1845	2020	1417	265	640
400	16	406	610	2615	1995	2615	1995	2160	1532	290	720
450	18	432	660	2895	2205	2895	2205	2500	1651	325	798
500	20	457	711	3160	2405	3160	2405	2650	1741	360	875
600	24	508	813	3885	2955	3885	2955	3130	2661	425	1030

第三章 阀门的技术要求

阀门检修的技术要求主要包括阀门完好标准、检修项目、检查周期、检修技术规定、检验测试、报废条件等内容。

第一节 阀门完好标准和技术鉴定

一、阀门的完好标准

1. 使用正常，启闭灵活

（1）严密性好，按规定试验压力打压不渗漏。

（2）开启关闭、开启度指示正确，开关灵活。

2. 阀体整洁，维护完好

（1）阀门密封件接触面光洁，无伤痕，所用垫片、盘根、填料、螺栓等符合规定要求。

（2）充加填料方法正确，压盖进入填料筒深度在填料筒长度的10%～20%范围内。

（3）阀体大盖、支架、手轮等部件螺栓、螺母齐整、紧固、满扣，丝杆见光，润滑良好。

（4）外观整洁，油漆完好无脱落，无油垢。室外阀门应有防雨、雪、尘土罩(套)，关键阀门加有锁。

（5）编号统一，标志清楚，字体正规。

3. 技术资料齐全准确，有检修记录

二、阀门技术鉴定

阀门的技术鉴定应遵循行业标准《油库设备技术鉴定规程》第6部分：阀门，现将主要内容摘编如下。

（一）鉴定内容

1. 外部检查

（1）阀门规格标识、工作参数和结构形式等。

（2）阀杆动密封及法兰垫片静密封处渗漏情况。

（3）启闭状态、开启和关闭过程、驱动机构。

（4）法兰端面划痕及腐蚀状况。

（5）阀盖与阀体受损及渗漏情况，阀杆等部位的润滑情况。

2. 性能检测

（1）阀门内密封。

（2）阀门严密性、强度和保压值试验。

（3）驱动机构的操纵性能。

3. 解体检查

（1）阀杆及其螺纹变形、腐蚀或裂纹等。

（2）阀体和阀盖内表面裂纹和锈蚀。

（3）阀板和阀座密封面腐蚀。

（4）各零部件磨蚀、断裂等缺陷及积垢。

（5）阀门各部件连接部位的配合、严密性、灵活性、牢固程度和缺陷。

（二）鉴定器具

采用表3-1所列出的检测仪器设备和工具对阀门进行鉴定。

表3-1　检测仪器设备及工具

序号	器具名称	精度和技术要求
1	测厚仪	量程：2～50mm；显示误差：±1%H
2	水压机	工作压力不得低于2倍的阀门工作压力
3	可燃气体浓度检测仪	精度：±0.5%；检测范围：0～10LEL，0～100LEL；响应时间：<3s
4	接地电阻测量仪	测量范围0.00～19.99Ω，20～199.9Ω
5	压力表	精度：0.1级；量程：1.5倍工作压力
6	深度游标卡尺	±0.5mm

序号	器具名称	精度和技术要求
7	扭矩扳手	0.0035～2700Nm
8	放大镜	5～10 倍
9	塞尺、百分表、除锈工具、防爆工具	检测专用

注：H—被测材料厚度，mm。

（三）鉴定程序和方法

1. 外部检查

（1）检验阀门规格和结构及性能指标等技术资料。

（2）检查阀门外表面裂纹、锈蚀等。

（3）目测或用计时器检测阀门在使用过程中各外部密封或连接部位的渗漏情况，用扭力扳手检查各连接螺母紧固程度。

（4）手动检查阀门开启和关闭过程，并检查阀杆等部位的润滑情况、操纵的灵活性和可靠性。

（5）检查盘根密封、填料压盖的松紧。

（6）利用输送介质的通断过程检查阀门启闭状况。

2. 性能检测

（1）以动力源驱动阀门开闭，检查驱动机构的操纵性能。

（2）对外部检查后发现有局部缺陷但未发现明显泄漏的阀门，进行离线检测：用带试压小管的堵板分别封堵两侧或一侧法兰，按照 SY/T 6470—2011 的规定，进行密封性、强度和保压试验，并记录各部位压力试验的保压时间和最大泄漏量。

3. 解体检查

发现异常且不解体难以确定异常原因的阀门，拆卸后进行检查。

（1）手动检查阀座与阀体结合的牢固程度、阀板与导轨配合度、阀杆与阀板连接的可靠性及灵活性、阀杆与启闭件连接的牢固程度；

（2）目测各密封面、垫片、填料、螺栓等受力部位磨损情况，并用显示剂检查各密封面的接触印痕；

（3）用直角尺、卡尺测量阀杆的直线度、螺纹受损程度，并

用塞尺测量填料压盖与填料函孔及阀杆的配合间隙;

(4)用测厚仪、卡尺测量各部件的腐蚀深度;

(5)对各项检查和测量结果进行核验,并填入相应的检测记录表。

(四)等级评判条件

(1)按照前述标准的规定对阀门分级。

(2)各项技术指标均符合 SY/T 6470—2011 和 SH 3518—2013 相关技术要求者为一级。

(3)符合下列情况之一者为二级:

①外部标识、规格及结构等技术资料不完整;

②外部检验一项(含一项)以上不合格;

③外部存在浅薄锈蚀,或外部零件松动;

④存在只需一般性维修保养的外部损伤或磨蚀。

(4)符合下列条件之一者为三级:

①内部阀板与阀座之间或外部连接密封部位泄漏量超标,但各部件经研磨或调整仍可达到密封要求;

②经解体检查需更换部件或研磨等调整修理;

③阀杆严重磨损,有裂纹、弯曲扭转变形,不能保证与其他部件配合;

④主要部件局部腐蚀严重,需焊补修理。

(5)符合下列条件之一者为四级:

①阀体或阀壳损坏,无法修复;

②内部阀板与阀座之间或外部连接密封部位泄漏量和保压时间超标,且关闭件磨损严重,无法修复;

③锈蚀严重,阀体成片腐蚀;

④修复费用超过更新费用的 50% 以上。

(五)鉴定结果及报告

(1)依据 SY/T 6470—2011、SH 3518—2013 确定阀门等级,

(2)汇总各项评定结果和鉴定结论填入《油库设备技术鉴定报告表》。

(3)阀门外部检查和解体检查及测量记录见表 3-2,阀门性能测量记录见表 3-3。

表3-2　阀门外部检查和解体检查及测量记录

阀门类型及编号				检查日期	
工作压力和流量				技术资料	全/否
安装位置及作用				检查人	
序号	检查部位	检查内容	异常类型	异常程度	检测结果

表3-3　阀门性能测量记录

阀门类型及编号				检查日期	
安装位置及作用				检查人	
序号	性能指标	实测值	正常范围	异常程度	校验结果

第二节　阀门检查检修技术要求及报废条件

一、阀门的检查

（一）日常检查

（1）阀门动密封和静密封是否有泄漏。

（2）阀门启闭状态是否正常（常开阀门是否开启）。

（3）阀体有无损伤及渗漏等异常现象。

（4）清洁擦拭。

（二）月检查

阀门每月至少检查一次，主要内容：

（1）包括日检查内容。

（2）阀杆动密封及法兰垫片静密封处是否渗漏。

（3）启闭状态是否正常。

（4）阀体有无损伤及渗漏等异常现象。

（5）将平时常开或常闭的阀门（如油罐前第一道阀门、排污阀等）转动1~2圈或做一次升降试验。

（6）对常开或常闭的阀门阀杆部位进行润滑。

（7）检查和调试气动阀门的动力头及电、气系统。

（三）半年检查

每半年至少应对电、气动阀的行程控制器，开启度指示器进行一次调试。

（四）二年检查

每二年对使用五年以上的阀门抽检10%以上，进行解体检查和水压试验。阀门解体检查的主要内容：

（1）阀座与阀体结合牢固。

（2）阀芯与阀座的接合是否严密，有无缺陷。

（3）阀杆和阀芯的连接是否灵活、可靠。

（4）阀杆有无弯曲、锈蚀，阀杆与填料压盖配合是否合适，螺纹有无缺陷。

（5）阀门盖和阀体有无裂纹，接合是否良好。

（6）垫片、填料、螺栓等是否安全，有无缺陷。

二、阀门的检修

（1）阀门的检修项目和主要标志见表3-4。

表3-4　阀门的检修项目和主要标志

序号	检修项目	主要标志
1	更换或矫正阀杆	阀杆弯曲、裂纹或腐蚀严重，螺纹断丝
2	修理支架、阀体	阀体内外表面有砂眼、毛刺、液孔、裂纹或锈蚀严重

序号	检修项目	主要标志
3	更换弹簧和密封件等	弹簧折断、失效；阀板、阀座腐蚀坑疤、径向沟槽等严重缺陷
4	研磨密封件	密封面上有划痕或严密性试验不合格
5	解体清洗和更换零部件	污垢、磨损或腐蚀严重
6	动力头的解体修理或更换	失灵、晃动、异声或其他故障

(2)正常情况下，阀门检修宜与油罐清洗或管路检修结合进行。其检修计划应根据抽检的实际情况编制。阀门检修的参考周期，常用和重要部位阀门为 3～5 年。

三、阀门检修的技术要求

(一)检修技术规定

(1)将检修的阀门从设备或管线上拆卸时，首先用钢字头在阀门及与阀门相连接的设备或管道上的法兰面上打上检修编号，并记录该阀门的工作温度、压力及介质名称，作为检修用料的依据及检修后安装时的标记。

(2)阀门的解体检修，宜在室内进行，如在室外时，必须采取防尘、防雨措施。

(3)阀门检修。阀门体、阀门盖、支架的检修，根据具体情况采取以下方法进行。

①焊接法。对小孔或裂缝加工坡口，按焊接规范进行焊补。

②采用渗透粘补法或粘接法修补。

(4)阀门密封面的检修。密封面人工或机械研磨。

(5)阀杆密封面的检修。

①阀杆密封面损坏后，可用研磨、镀铝、氮化、淬火等工艺进行修复。

②阀杆的技术要求：阀杆的螺纹部分与光杆部分同轴度偏

差≤0.1mm；阀杆全长上的直线度偏差≤0.1mm，锥度偏差≤0.05mm。

（二）检测试验

（1）试压规定。阀门经过检修后，必须进行严密性试压，视情况进行强度试压。

严密性试验压力等于阀门的公称压力，强度试验压力等于公称压力的1.5倍。

（2）检修后的安全阀应重新定压，其要求是：安全阀每年定压检验一次，安全阀定压值按表3-5的规定执行。

表3-5　安全阀定压值

工作压力/MPa	安全阀的开启压力
≤1.3	工作压力 +0.02（控制阀）
	工作压力 +0.04（控制阀）
1.3~3.9	1.04倍工作压力（控制阀）
	1.06倍工作压力（控制阀）

（3）安全阀按规定进行定压，合格后应打上铅封，并做好记录。

（4）试验介质。一般阀门使用温度高于5℃，低于100℃的清水进行试压，重要阀门用煤油试压。安全阀定压时采用隋性气体（如氮气等）。

（5）试验方法。严密性试验及强度试验，闸板阀进行三面试压，球型阀进行二面试压，其顺序是：

①将阀门全关，在密封装置左侧注水（或煤油），升压到规定值，保持5min，检查左侧阀体不渗不漏，并检查右侧密封面不渗不漏。

②用同样方法在密封装置右侧注水（或煤油），升压到规定值，保持5min，检查右侧阀体不渗不漏，并检查左侧密封面不渗不漏。

③将阀全开，将阀门一侧封堵，在阀门内注入水（或煤油），

升压到规定值，保持 5min，检查阀体和阀大盖处垫片及阀体、阀体盖不渗不漏。

（6）验收。

①阀门检修验收工作由油库业务负责人会同有关技术人员和维修人员进行。

②验收资料，包括检修记录、试压记录、安全阀定压值记录。

③验收结束后，上述资料应存入设备档案。

四、阀门报废条件

具有下列条件之一的阀门，应予以报废：

（1）阀门阀体裂纹、破碎、修复不经济或无法修复。

（2）关闭件磨损严重，且阀座封闭圈损伤，无法修复。

（3）锈蚀严重，阀体上出现成片腐蚀，且其腐蚀深度超过 2mm。

（4）淘汰型号且配件无来源。

（5）阀体检修后经强度和严密性试验不合格者。

第四章　阀门使用与操作

　　油库阀门操作人员应熟悉和掌握阀门传动装置的结构和性能，正确识别阀门方向、开启度标志、指示信号，还应熟练、准确地调节和操作阀门，及时、果断地处理各种故障。阀门操作正确与否，直接影响使用寿命和油库的安全运行。根据油库事故统计分析，在 294 例油品流失事故中，由于阀门原因引起的事故 119 例，占 40.5%；在 195 例油品变质事故中，由于阀门原因引起的事故 40 例，占 20.5%。在这些事故中，大多数是由于操作使用阀门不当引起的。

第一节　手动阀门使用与操作

一、注意检查开闭方向标志

　　手动阀门是通过手柄、手轮操作的阀门，是油库使用最多的一种阀门。手柄、手轮旋转方向是顺时针，表示阀门关闭方向；逆时针，表示阀门开启方向。有个别阀门方向与上述开闭相反，操作前应注意检查开闭标志后再进行操作。

二、人力按规定方法操作

　　手轮、手柄的大小是按正常人力设计的，因此，在操作阀门时，不允许借助杠杆和长扳手开启或关闭阀门。手轮、手柄的直径(长度)小于 320mm 的，只允许一个人操作；直径等于或超过 320mm 的手轮，允许两人共同操作，或者允许一人借助适当的杠杆(一般不超过 0.5m 长)操作。但隔膜阀、非金属阀门是严禁使用杠杆或长扳手操作的，也不允许用过大过猛的力关闭阀门。

三、闸阀和截止阀之类的阀门的操作

闸阀和截止阀之类的阀门,在关闭或开启到头(即下死点或上死点),要回转 1/4 ~1/2 圈,使螺纹更好密合。这样做有利操作时的检查,以免拧的过紧,损坏阀件。

四、操作时用力应适当

有的操作人员认为关闭力越大越好,习惯使用杠杆和长扳手操作。其实不然,这样做会造成阀门过早损坏,甚至酿成事故。除撞击式手轮外,实践证明,操作阀门用力过大过猛,容易损坏手轮、手柄,擦伤阀杆和密封面,甚至压坏密封面。

五、不允许用活扳手代手轮、手柄

手轮、手柄损坏或丢失后,不允许用活扳手代用,应及时配齐。

六、设有旁通阀的阀门的操作

较大口径的蝶阀、闸阀和截止阀,有的设有旁通阀,其作用是平衡进出口压差,减少开启力。因此开启时,应先打开旁通阀,待阀门两边压差减小后,再开启大阀门;关阀时,首先关闭旁通阀,然后再关闭大阀门。

七、蒸汽阀门的操作

开启蒸汽阀门前,必须先将管道预热,排除凝结水,开启时,动作要缓慢,以免产生水击损坏阀门和设备。

八、球阀、蝶阀、旋塞阀的操作

开闭球阀、蝶阀、旋塞阀时,当阀杆顶面的沟槽与管道平行时,表明阀门在全开启位置;当阀杆向左或向右旋转 90°时,沟槽与通道垂直,表明阀门在全关闭位置。有的球阀、旋塞阀

以扳手与管道平行为开启，垂直为关闭。带扳手的蝶阀，扳手与管道平行，表明阀门开启，扳手与管道垂直，表明阀门关闭。三通、四通阀门的操作应按开启、关闭、换向的标记进行。操作完毕后，应取下活动手柄。

九、闸阀、截止阀等阀门不能作节流用

不能把闸阀、截止阀等阀门作节流用，这样容易冲蚀密封面，使阀门早坏。不提倡用闸阀、截止阀作为节流阀使用。如果当作节流阀使用，就不能再作为切断阀使用。

十、注意阀门开、关的指示位置

对有标尺的闸阀和节流阀，应检查调试好全开启、全关闭的指示位置。明杆闸阀、截止阀也应记住它们全开和全关位置，这样可以避免全开时顶撞死点。阀门全关时，可借助标尺和记号及时发现关闭件脱落或顶住异物，便于排除故障。

十一、阀门微开、闭的时机

新安装的管路和设备内部污物比较多，常开阀门密封面上也容易粘有污物，应采用微开方法，让高速介质冲走这些异物，再轻轻关闭。阀门经过几次微开、微闭，便可冲刷干净。

十二、温度下降时阀门的操作

有的阀门关闭后，因温度下降，阀件收缩，使密封面贴合不紧密，出现细小缝隙而泄漏，在这种情况下应在关闭后，到适当时间再关一次阀门。

第二节　他动阀门使用与操作

他动阀门不是靠手动，而是靠电动、电磁动、气（液）动等

能源来开闭的阀门。他动阀门油库使用不多，但随着自动化水平的提高，油库他动阀门的用量必将增加。油库人员应对他动阀门的结构原理、操作规程有全面的了解，并具有独立操作和处理故事的能力。

一、电动阀门操作

（1）电动装置启动时，应按电气盘上的启动按钮，电动机随即开动，到一定时间后阀门开启，电动机自动停止运转，在电气盘上的"已开启"信号灯亮；如果阀门关闭时，应按电气盘上的关闭按钮，阀门向关闭方向运转，到阀门全关，"已关闭"信号灯亮。

（2）阀门运转中，正在开启、正在关闭、处于中间状态的信号灯应相应指示。阀门指示信号与实际动作相符，并能关得严、打得开，说明电动装置正常。

（3）如果阀门运转中、全开、全关时，信号灯不亮，而事故信号灯亮，说明传动装置不正常，应检查原因，进行修理，重新调试。

（4）电动装置有故障、关闭不严，需要处理时，应将动作把柄拨至手动位置，顺时针方向转动手轮为关阀，逆时针方向为开阀。

（5）电动装置在运转中不能按反向按钮，如果由于误动作需要纠正时，应先按停止按钮，然后再启动。

二、电磁动阀门的操作

电磁动阀门操作时，按它的启动电钮，阀门开启。切断电源，阀瓣借助流体自身压力或加上弹簧压力，把阀门关闭。

三、气（液）动阀门操作

（1）气（液）动阀门在气缸体上方和下方各有一个气（液）管，关闭阀门时，应打开上方管道的控制阀让压缩空气（或带压液体）进入缸体上部，使活塞向下运动，带动阀杆关闭阀门。反之，关闭气缸上部管道上的进气（液）阀，打开它的回路阀，使介质回流，同时打开气缸下部管道控制阀，使压缩空气（或带压液体）进入缸体下部，使活塞向上运动，带动阀杆打开阀门。

（2）气动阀门有常开式和常闭式两种形式。常开式是活塞上部有气管，下部是弹簧，需要关闭时，打开气管控制阀，使压缩空气进入气缸上部，压缩弹簧，关闭阀门；当要开启时，打开回路阀，气体排出，弹簧复位，使阀门开启。常闭式阀门与常开式阀门相反，弹簧在活塞上部，气管在气缸下部，打开控制阀后，压缩空气进入气缸，打开阀门。

（3）气（液）动装置运转是否正常，可从阀杆上下位置，反馈在控制盘上的信号反映出。如果关闭不严，可调整气缸底部的调节螺母，将调节螺母调下一点，即可消除。

（4）如果气（液）动装置出现故障，需要及时开启或关闭时，应采用手动操作。有一种气动装置，在气缸上部有一个圆环杆与阀杆连接，阀门气动不能动作时，需要用一杠杆套在圆环中，抬起圆环为开启，压紧圆环为关闭。这种手动机构很吃力，只能解决暂时困难。现有一种气动带手动闸阀，阀门在正常情况下，手动机构上手柄处于气动位置。当气源发生故障或者气流中断后，首先切断气源通路，打开气缸回路上回路阀，并将手动机构上手柄从气动位置扳至手动位置，这时开合螺母与传动丝杆啮合，转动手轮即可开启或关闭阀门。

第三节　自动阀门使用与操作

自动阀门的操作不多，主要是操作人员在启用时调整和运行中的检查。

一、安全阀门操作

（1）安全阀在安装前就经过了试压、定压，为了安全起见，有的安全阀需要现场校验。

（2）安全阀运行时间较长时，操作人员应注意检查。检查时，人应避开安全阀出口处，检查安全阀的铅封；间隔一段时间应将安全阀开启一次，用手扳起有扳手的安全阀，以排泄污物，并校验安全阀的灵活性。

二、疏水阀使用与操作

（1）疏水阀是容易被水污物堵塞的阀门。启用时，首先打开冲洗阀，冲洗管道。

（2）有旁通管的，可打开旁通阀门作短暂冲洗。没有冲洗管和旁通的疏水阀，可拆下疏水阀，打开切断阀门冲洗后，再关好切断阀，安装好疏水阀，然后再打开切断阀，启用疏水阀。

（3）并联疏水阀，如果排放凝结水不影响正常工作，可采用轮流冲洗。轮流使用操作方法是，先关闭疏水阀前后的切断阀，然后，再打开另一疏水阀前后的切断阀。也可打开检查阀，检查疏水阀工作情况，如果蒸汽冲出较多，说明工作不正常，如果只有排水，说明工作正常。再打开刚才关闭的疏水阀的检查阀，排出存下的凝结水，如果凝结水不断的流出，表明检查管前后的阀门泄漏，需找出是哪一个阀门泄漏。

（4）不回收凝结水的疏水阀，打开阀门前的切断阀便可使疏水阀工作，工作正常与否，可从疏水阀出口处检查到。

三、减压阀使用操作

（1）减压阀启用前，应打开旁通阀（冲洗阀），清扫管道污物，管道冲洗干净后，关闭旁通阀和冲洗阀，然后启用减压阀。

（2）有的蒸汽减压阀前有疏水阀，需要先开启，再微开减压阀后的切断阀，最后把减压阀前的切断阀打开，观看减压阀前后的压力表，调整减压阀调节螺钉，使阀后压力达到预定值，随即慢慢地开启减压阀后的切断阀，校正阀门出口压力，直到满意为止。固定好调节螺钉，盖好防护帽。

（3）如果减压阀出现故障或要修理时，应先慢慢地打开旁通阀，同时关闭阀门前切断阀，手工大致调节旁通阀，使减压阀出口压力基本上稳定在预定值上下，再关闭减压阀后的切断阀，更换或修理减压阀。待减压阀更换或修理好后，再恢复正常。

第四节　阀门操作中注意事项

阀门操作的过程，同时也是检查和处理阀门的过程。操作中注意事项如下。

（1）操作阀门时，应核对启闭阀门的编号，以免误开（关）、错（关）开引起事故。

（2）气温在0℃以下的季节，停汽、停水的阀门，应注意打开阀门底部的丝堵，排除凝结水和积水，以免冻裂阀门。对不能排除积水的阀门、不能间断工作的阀门应注意保温工作。油罐进出油阀门、排污阀门也应注意排水（含排除油罐底部积水）。

（3）填料压盖不宜压得过紧，应以阀杆操作灵活为准。认为压盖压的越紧越好是错误的，它会加快阀杆的磨损，增加操作扭力。

（4）没有保护措施条件下，不要随便带压更换或添加盘根。

（5）高温阀门，当温度升高到200℃以上时，螺栓受热伸长，容易使阀门密封不严，这时需要对螺栓进行"热紧"。在"热紧"时，不宜在阀门全关位置上进行。以免阀杆顶死，以后开启困难。

（6）在操作中通过听、闻、看、摸的方法发现异常现象，操作人员要认真分析原因，属于自己解决的，应及时消除，需要修理工解决的，自己不要勉强凑合，以免延误修理时机。

（7）操作人员应有专门日志或记录本，注意记载各类阀门运行情况，特别是重要部位的阀门、高温高压阀门和特殊阀门，包括它的传动装置在内，记明它们产生的故障、处理方法、更换的零件等，这些资料对操作人员本身、修理人员、以及制造厂来说，都是很重要的。建立专门日志，责任明确，有利加强管理。

第五章 阀门的维护与管理

阀门的维护与管理包括提货搬运、库存保管和安装使用的全过程，它是阀门正常运行的一项重要技术措施。

第一节 阀门的维护

一、阀门运输途中的维护

阀门的手轮破损、阀杆弯曲、支架断裂、法兰密封面的磕碰损坏，特别是灰铸铁阀门的损坏，相当一部分出现在运输过程中。造成上述损坏的原因，主要是运输人员对阀门的基本常识不甚了解，以及野蛮装卸作业造成的。

（1）运输阀门之前，应准备好绳索、起吊设备和运输工具等。检查阀门包装，包装损坏的应修钉好，不能怕麻烦，不能存有侥幸心理；包装要符合标准要求，不允许随便旋转已包装封存阀门的手轮；阀门应处于全关闭状态，对已误开启的阀门，应将密封面擦干净后再关闭，封闭进出口通道。传动装置应与阀门分别包装运输。

（2）阀门装运起吊时，绳索应系在法兰处或支架上，切忌系在手轮或阀杆上。阀门吊装要轻起轻放，不要撞击它物，放置要平稳。放置姿态应直立或斜立，阀杆向上。对放置不稳妥的阀门，应用绳索捆牢，或用垫块固定牢，以免在运输中互相碰撞。

（3）手工装卸阀门时，不允许把阀门从车上往下扔，也不允许从地上向车上抛；搬运过程中应有条不紊，顺次排列，严禁堆放。

（4）阀门运输中，要保护油漆、铭牌和法兰密封面；不允许在地面上拖拉阀门，更不允许将阀门进出口密封面落地移动。

（5）在施工现场暂不安装的阀门，不要拆开包装，应放置在安全的地方，并作好防雨、防尘工作。

二、阀门保管中的维护

油库建设与管理中，都有一些待用阀门需要保管。这些阀门质量直接关系到油库建设与管理的正常进行，如果将存在质量问题的阀门安装到管道工艺中，就会造成运行中的故障，甚至引发事故。如某油库由于施工质量粗劣，阀门安装前的验收保管工作不到位，投入使用后发现阀门渗漏、窜油。经检查 DN100、DN150 的阀门 194 只，达不到额定压力、窜油无法试压的 96 只，其中有 12 只阀门无法修复，严重影响了油库的正常运行。

（1）阀门运输进入仓库后，保管员应及时办理入库手续，这样有利于阀门的检查和保管。保管员应认真核对阀门规格型号，检查阀门外观质量，并协助检验人员对阀门进行入库前的强度试验和密封性试验。符合验收标准的阀门，方可办理入库手续；对不合格的也应妥善保管，待有关部门处理。

（2）对入库的阀门，要认真擦拭、清洗阀门在运输过程中的积水和灰尘等污物；对容易生锈的加工面、阀杆、密封面，应当涂防锈剂或贴防锈纸加以保护；对阀门进出口通道要用塑料盖、蜡纸加以封闭，以免进入污染物。

（3）库存阀门应做到账物相符，分门别类，摆放整齐，标签清楚，醒目易认。小阀门应按型号规格和大小顺序，排放在货架上；大阀门可排放在仓库地面上，按型号规格分别摆放。阀门应直立或斜立放置，不可将法兰密封面接触地面，更不允许堆垛在一起。对特大阀门和暂不能入库阀门，也应按类别和大小直立放置在室外干燥、通风的地方；阀门密封面应涂抹油脂保护，通道应封口；对填料函内无填料的，为了防止雨水进入阀门内，应涂抹润滑脂等封闭填料函口，并用油毛毡或雨布等物品盖好，最好搭设临时棚库加以保护。

（4）为了使保管中的阀门处于完好状态，除需要有干燥通风、清洁无尘的仓库外，还应有套先进、科学的管理制度；对所有保管的阀门，应定期维护检查，一般从出厂之日起，18个月后应重新进行试压检查。

（5）对于长期不用的阀门，如果使用的是石棉盘根填料，应将石棉盘根从填料函中取出，以免产生电化学腐蚀，损坏阀杆。对未装填料的阀门，制造厂一般配有备用填料，保管员应妥善加以保管。

（6）对在搬运过程中损坏、丢失的阀门零件，如手轮、手柄、标尺等，应及时配齐，不能缺少。

（7）超过规定使用期的防锈剂、润滑剂，应按规定定期更换或添加。

三、阀门运行中的维护

阀门运行中维护的目的，是要保证使阀门处于常年整洁、润滑良好、阀件齐全、正常运行的状态。

（一）阀门的清扫

（1）阀门的表面、阀杆和阀杆螺母上的梯形螺纹、阀杆螺母与支架滑动部位，以及齿轮、蜗轮、蜗杆等部件，容易沾染灰尘、油污、介质残渍等污物。这些污物对阀门会产生磨损、腐蚀。因此，经常保持阀门外表和活动部位的清洁，是十分重要的。

（2）阀门上的灰尘应用毛刷清扫，有条件的可用压缩空气吹扫；梯形螺纹和齿间的污物用抹布擦洗；阀门上的油污和介质残渍等污物用洗涤油擦拭，或者用铜丝刷刷洗，直到阀门加工面、装配面显出金属光泽，油漆显出本色。

（二）阀门的润滑

（1）阀门梯形螺纹、阀杆螺母与支架滑动部位，轴承部位、齿轮和蜗轮、蜗杆的啮合部位，以及其他配合活动部位，都需要有良好的润滑，减少相互间的摩擦，避免相互磨损。有的部位专门设有油杯、油嘴，若在运行中损坏或丢失，应修复配齐，油路要疏通。

（2）润滑部位应按具体情况定期加油。经常开启的、温度高的阀门适宜间隔为一星期至一个月加油一次；不经常开启、温度不高的阀门加油周期可长一些。润滑剂有润滑油、润滑脂、二硫化钼和石墨粉剂等。对裸露在外的需要润滑的部位，如梯形螺纹、齿轮等部位使用润滑脂等，容易沾染灰尘，如用二硫化钼和石墨粉剂润滑，则不容易沾染灰尘。石墨粉不容易直接涂抹，可加少许机油或水调和成膏状使用。

（3）油密封的旋塞阀应按照规定时间注油，否则容易磨损和泄漏。

（三）阀门的维护

（1）运行中的阀门，阀件应齐全、完好。法兰和支架上的螺栓不可缺少，螺纹应完好无损，不允许有松动现象。

（2）手轮上的紧固螺母，如发现松动应及时拧紧，以免磨损连接处或丢失手轮和铭牌。手轮如有丢失，不允许用活扳手代替，应及时配齐。

（3）填料压盖不允许歪斜，或者无预紧力间隙。对容易受到雨雪、灰尘、风沙等污物沾染环境中的阀门，其阀杆要安装保护罩。

（4）阀门上的标尺应保持完整、准确、清晰。阀门的铅封、盖帽、气动附件等应齐全完好。保温夹套应无凹陷、裂纹。

（5）不允许在运行中的阀门上敲打、站人、支承重物；特别是非金属阀门和铸铁阀门，更要禁止。

（四）阀门电动装置的维护

（1）电动装置的日常维护工作，一般情况下每月不少于一次。维护的内容有：外表清洁，灰粉尘沾染；装置应不受气、水、油的沾染。

（2）电动装置密封良好，各密封面、点应完整牢固、严密、无泄漏。

（3）电动装置应润滑良好，按规定期限加油，阀杆螺母应加润滑脂。

（4）电气部分应完好，切忌潮湿与灰尘的侵蚀；如果受潮，用500V兆欧表测量所有载流部分和壳体间的绝缘电阻，其值不低于0.38MΩ，否则应对有关部件作干燥处理。

(5)自动开关和热继电器不应脱扣，指示灯显示正确，无缺相、短路、断路故障。

(6)电动装置的工作状态正常，开、关灵活。

(五)阀门气动装置的维护

(1)气动装置的日常维护工作，一般情况下每月不少于一次。维护的主要内容有：外表清洁，无灰尘沾染，装置应不受水蒸气、水、油污的沾染。

(2)气动装置的密封良好，各密封面、点应完整牢固，严密无损。

(3)手动操作机构应润滑良好，启闭灵活。

(4)气缸进出口气接头不允许有损伤；气缸和空气管系的各部位应进行仔细检查，不得有影响使用性能的泄漏。

(5)管子不允许有凹陷，信号器应处于完好状态，指示灯应齐全良好。不论是气动信号器还是电动信号器的连接螺纹应完好无损，不得有泄漏。

(6)气动装置上的阀门应完好、无泄漏，开启灵活，气流畅通。

(7)整个气动装置应处于正常工作状态，开、关灵活。

四、备用(闲置)阀门维护

备用(闲置)阀门的维护应与设备、管道一起进行，主要有以下几点：

(1)清扫阀门。阀门内应吹扫擦拭干净，无残存物和水溶液，阀门外部应抹洗干净，无油污、灰尘等污染。

(2)配齐阀件。阀门缺件后，不允许"拆东补西"，应配齐阀件，为下步使用创造良好条件，保证阀门处于完好状态。

(3)防蚀处理。掏出填料函中的盘根、防止阀杆电化腐蚀；阀门密封面、阀杆、阀杆螺母、机加工表面等部位，视具体情况涂防锈剂、润滑脂；涂漆部位应涂刷防锈漆。

（4）防护保护。防止它物撞击，人为搬弄和拆卸，必要时，应对阀门活动部位加以固定，对阀门进行包装保护，特别是阀门进出口应用塑料布或者蜡纸予以封口。

（5）定期保养。备用（闲置）时间较长的阀门，应定期检查，定期保养，防止阀门腐蚀和损坏。对于存放时间过长的阀门，应与设备、装置、管道一起进行试压合格后，方可使用。

五、阀门检查与维护的内容

阀门检查与维护的主要内容见表5-1。

表5-1　阀门检查与维护的主要内容

检查类别	检查与维护的主要内容
1.　每日检查	（1）阀门动密封和静密封是否有泄漏
	（2）阀门启闭状态是否正常（常开阀门是否开启）
	（3）阀体有无损伤及渗漏等异常现象
2.　每月检查	（1）完成日检查内容
	（2）将平日常开或常闭阀门（如罐前第一道阀门，以及排污阀等）转动1～2圈或做一次升降试验
	（3）对平日常开或常闭阀门阀杆等部位润滑
	（4）检查和调校电、气动阀门的动力头及电、气系统
3.　半年检查	每半年至少对电气动阀的行程控制器、开度指示器作一次调校
4.　解体检查	每两年对使用五年以上的阀门进行解体检查，其主要内容有：
	（1）阀门水压试验，抽检10%以上
	（2）阀座与阀体结合是否牢固
	（3）阀芯与阀座的接合是否严密，有无缺陷
	（4）阀杆与阀芯的连接是否灵活、可靠
	（5）阀杆有无弯曲、锈蚀，阀杆与填料压盖配合是否合适，螺纹有无缺陷
	（6）阀盖与间体有无裂纹，接合是否良好
	（7）垫片、填料、螺栓等是否安全，有无缺陷

第二节　阀门的管理

阀门由于制造质量差、管理不善、误操作等原因产生的事故屡见不鲜。世界上有些重大恶性事故，就是由于阀门故障造成的。因此，加强阀门的管理事关重大，势在必行。阀门的管理包括如下内容。

一、技术资料管理

包括国家阀门标准及有关标准、阀门的图纸。如装配图和易损件的加工图，阀件加工工艺及其规范，有关数据、台账等。

二、阀门维修管理

包括修理和保养维护的项目、内容、周期、技术条件、验收标准以及维修记录、维修计划和完成情况报表等。

三、使用档案管理

包括阀门的规格型号、制造厂家、工作压力、工作温度、使用介质及流向、使用年限、阀门编号，以及阀门所在设备管线名称代号、检修记录和阀件更换记录等。

四、操作巡回管理

包括操作规程，巡回管理制度，巡回的路线、周期，阀门清扫、加油的周期与要求，操作记录等。

五、备品备件管理

包括阀门、填料、垫片、易损件、紧固件库存最大量与最小量的限制；备品、备件出入库制度，保管制度，特别要坚持备品、备件入库前的验收制度。

六、阀门质量管理

包括阀门质保体系、全面质量管理、试压验收制度、质控点、责任制，以及修理、试压、移交记录等。

七、交接班管理

包括交接班制度、上下班现场交接程序、交接班日志等。

八、现场标志管理

包括在操作现场的阀门上的标识、标志、铭牌应完好正确；阀门所在管线、设备的名称、编号、介质、流向、工作压力、工作温度等数据的显示牌，应正确显目，防止误操作。重要阀门应加锁控制。

第六章 阀门常见故障及排除方法

阀门使用过程中，会出现各种各样的故障，一般说来，一是与组成阀门零件多少有关，零件多故障多；二是与阀门设计、制造、安装、工况、操作、维修质量优劣密切相关。各个环节的工作做好了，阀门的故障就会大大减少。

第一节 阀门通用件常见故障及其预防

一、阀门常见泄漏

（一）阀门体和阀门盖泄漏

阀门体和阀门盖泄漏原因及排除见表6-1。

表6-1 阀门体和阀门盖泄漏原因及排除

泄漏原因	预防和排除方法
制造质量不高，阀体和阀门盖本体上有砂眼、松散组织、夹碴等缺陷，铸铁阀件为常见	提高铸造质量，安装前严格按规定进行强度试验
天冷冻裂	对气温在零度和零度以下的铸铁阀门应进行保温或者拌热，停止使用的阀门应排除积水
焊接不良，存在着夹碴、未焊透、应力裂纹等缺陷	由焊接组成的阀体和阀门盖的焊缝，应按有关焊接操作规程进行，焊后应进行探伤检验和强度试验
铸铁阀门被重物撞击后损坏	阀门上禁止堆放重物，不允许用手锤撞击铸铁和非金属阀门

（二）填料处的泄漏

填料处的泄漏原因及排除见表6-2。

表6-2　填料处的泄漏原因及排除

泄漏的原因	预防和排除方法
填料选用不对，不耐介质的腐蚀，不耐高压或真空，不耐高温或低温	应按工况条件选用填料的材质和形式
填料安装不对	重新安装填料
填料超过使用期，已老化，丧失弹性	及时更换填料
阀杆弯曲，有腐蚀、磨损	进行矫正、修复
填料圈数不足，压盖未压紧	按规定上足圈数，压盖应对称均匀地压紧，并留足预紧间隙
压盖、螺栓和其他部件损坏，使压盖无法压紧	及时修理损坏部件
操作不当，用力过猛等	以均匀正常力量操作，不允许使用长杆、长扳手操作
压盖歪斜，压盖和阀杆间隙过小或过大，致使阀杆磨损，填料损坏	应均匀对称拧紧压盖螺栓，压盖与阀杆间隙过小，应适当增大其间隙，压盖与阀杆间隙过大，应更换压盖

（三）垫片处的泄漏

垫片处的泄漏原因及排除见表6-3。

表6-3　垫片处的泄漏原因及排除

泄漏的原因	预防和排除方法
垫片选用不对，不耐介质的腐蚀，不耐高压或真空，不耐高温或低温	应按工况条件选用垫片的材质和形式
操作不稳，引起阀门压力、温度上下波动	精心调节，平稳操作

泄漏的原因	预防和排除方法
垫片的压力不够或者连接处无预紧间隙	应均匀、对称地上紧螺栓,预紧力要符合要求,不可过大或过小。法兰和螺纹连接处应有预紧间隙
垫片装配不当,受力不匀	垫片装配应对正,受力均匀,垫片不允许搭接和使用双垫片
静密封面加工质量不高,表面粗糙不平,有径向划痕,密封付互不平行	静密封面腐蚀、损坏、加工质量不高应进行修理、研磨,进行着色检查使静密封面符合有关要求
静密封面和垫片不清洁、混入异物	安装垫片时应注意清洁,密封面应用煤油清洗,垫片不应落地

(四)密封面的泄漏

密封面的泄漏原因及排除见表6-4。

表6-4 密封面的泄漏原因及排除

泄漏的原因	预防和排除方法
密封面研磨不平,不能形成密合线	密封面研磨时,研具、研磨剂、砂布、砂纸等物件应选用合理,研磨方法要正确,研磨后应进行着色检查,密封面应无压痕、裂纹、划痕等缺陷
阀杆与关闭件的连接处顶心悬空、不正或磨损	阀杆与关闭件连接处应符合设计要求,顶心处不符合要求的,应进行修整,顶心应有一定的活动间隙,特别是阀杆台肩与关闭件的轴向间隙不小于2mm
阀杆弯曲或装配不正,使关闭件歪斜或不逢中	阀杆弯曲应进行矫直,阀杆、阀杆螺母、关闭件、阀座经调整后,它们应在一条公共轴线上
密封面材质选用不当或没有按工况条件选用阀门,密封面容易产生腐蚀、冲蚀、磨损	选用阀门或更换密封面时,应符合工况条件,密封面加工后,其耐蚀、耐磨、耐擦伤等性能要好

泄漏的原因	预防和排除方法
堆焊和热处理没有按规程操作，因硬度过低产生磨损，因合金元素烧损产生的腐蚀，因内应力过大产生的裂纹	重新堆焊和热处理，不允许有任何影响使用的缺陷存在
经过表面处理的密封面剥落或因研磨量过大，失去原来的性能	对密封面表面进行淬火、渗氮、渗硼、镀铬
密封面关闭不严或因关闭后冷缩出现的细缝，产生冲蚀现象	阀门关闭或开启应有标记，对关闭不严的应及时修复。当因冷缩出现细缝时，应再次关紧
切断阀当作节流阀、减压阀使用，密封面被冲蚀而破坏	作为切断阀的阀门，不允许作为节流阀、减压阀使用，关闭件应处于不开或全关位置
阀门已到关闭位置，继续施加过大的关闭力，包括不正确地使用长杠、长扳手操作，密封面被压坏变形	阀门关闭力适当，手轮直轻小于320mm只许一人操作，等于或大于320mm直径的手轮，允许两人操作，或一人借助500mm以内的杠杆操作
密封面磨损过大而产生掉线现象即密封面不能很好地密合	密封面产生掉线后，应进行调节，无法调节的应更换

（五）密封圈的泄漏

密封圈的泄漏原因及排除见表6-5。

表6-5　密封圈的泄漏原因及排除

泄漏的原因	预防和排除方法
密封圈辗压不严	注入胶黏剂或再压固定
密封圈与本体焊接、堆焊不良	重新补焊，无法补焊时，应清除原堆焊层，重新堆焊
密封圈连接螺纹、螺钉、压圈松动	应卸下清洗，更换损坏的螺钉，重新装配。研磨密封圈与连接座密合。对腐蚀严重的可用焊接或粘接等方法修复
密封圈连接面被腐蚀	可用研磨、粘接、焊接方法修复，无法修复时应更换密封圈

（六）关闭件脱落产生的泄漏

关闭件脱落产生的泄漏原因及排除见表6-6。

表6-6　关闭件脱落产生的泄漏原因及排除

泄漏的原因	预防和排除方法
操作不良，使关闭件卡死或超过上止点，连接处损坏断裂	关闭阀门不能用力过大，开启阀门不能超过上止点，阀门全开后，手轮要倒转 1/4 ～ 1/2 圈
关闭件连接不牢固，松动而脱落	关闭件与阀杆连接应正确、牢固，螺纹连接处应有止退件
选用连接件材质不对，经不起介质的腐蚀和机械的磨损	重新选用连接件

（七）密封面嵌入异物的泄漏

密封面嵌入异物的泄漏原因及排除见表6-7。

表6-7　密封面嵌入异物的泄漏原因及排除

泄漏的原因	预防和排除方法
不常开启或关闭的密封面上容易沾染污物	加强保养。关闭、开启阀门，关闭时留一条细缝，反复几次让流体将沉积物冲走
介质不干净，含有磨粒、铁锈、焊碴等杂物卡在密封面上	利用流体将杂物冲走，对无法用介质冲走的应打开阀门盖取出修理
介质本身含有硬粒物质	应尽量选用旋塞阀、球阀和密封面为软质材料制作的阀门

二、阀杆操作不灵活

阀杆操作不灵活的原因及排除见表6-8。

表6-8　阀杆操作不灵活的原因及排除

不灵活的原因	预防和排除方法
阀杆与它相配合件加工精度低、配合间隙过小，光洁度差	重新加工配合件，按要求装配

不灵活的原因	预防和排除方法
阀杆、阀杆螺母、支架、压盖、填料等装配不正，它们的轴线不在同一条轴线上	重新装配，应装配正确，间隙一致保持同心，旋转灵活
填料压得过紧，抱死阀杆	适当放松填料
阀杆弯曲	对阀杆进行矫正，不能矫正应更换。操作时，关闭力适当，不能过大
梯形螺纹处不清洁，积满了污物和磨粒，润滑条件差	阀杆、阀杆螺母应经常清洗和加润滑油
阀杆螺母松脱，梯形螺纹滑丝	阀杆螺母松脱应进行修复，不能修的阀杆螺母和滑丝的梯形螺纹件应予更换
转动的阀杆螺母与支架滑动部位的润滑差，中间混入磨粒、使其磨损咬死，或因长时间不用而锈死	定期保养，使阀杆螺母处润滑良好，发现有磨损和咬死现象，应及时修理
操作不良，使阀杆变形、磨损和损坏	要掌握正确的操作方法，关闭力要适当
阀杆与传动部位连接处松脱或损坏	及时修复
阀杆被顶死或关闭件被卡死	正确操作阀门

三、手轮、手柄和扳手的损坏

手轮、手柄和扳手的损坏的原因及排除见表6-9。

表6-9　手轮、手柄和扳手的损坏的原因及排除

损坏原因	预防和排除方法
使用长杠杆、长扳手、管钳，或者使用撞击工具导致手轮、手柄、扳手损坏	正确使用手轮、手柄和扳手，禁止使用长杠、长扳手、管钳和撞击工具操作
手轮、手柄和扳手的紧固件松脱	连接手轮、手柄和扳手的紧固件丢失和损坏应配齐，对振动较大的阀门以及容易松动的紧固处，应改为弹性垫圈

损坏原因	预防和排除方法
手轮、手柄和扳手与阀杆连接件，如方孔、键槽或螺纹磨损，不能传递扭矩	进行修复，不能修复的应更换

第二节　它动阀门常见故障及其预防

一、闸阀常见故障及其预防

闸阀常见故障及其预防见表6-10。

表6-10　闸阀常见故障及其预防

常见故障	产生原因	预防和排除方法
开不起	T形槽断裂	T形槽应有圆弧过渡，提高铸造和热处理质量，开启时不要超过上死点
	单闸板卡死在阀体内	关闭力适当，不要使用长杠杆
	内阀杆螺母失效	内阀杆螺母不耐腐蚀，应更换
	阀杆受热后顶死	阀杆在关闭后，应间隔一定时间，对阀杆进行卸载，将手轮倒转1/4～1/2圈
关不严	阀杆的顶心磨损或悬空使闸阀密封时好时坏	阀杆顶丝磨损后应修复，顶心应顶住关闭件，并有一定的活动间隙
	密封面掉线	更换楔式双闸板间顶心调整垫为厚垫，平行双闸板加厚或更换顶锥（楔块），单闸板结构应更换或重新堆焊密封面
	楔式双闸板脱落	正确选用楔式双闸板闸阀，保持架要定期检查
	阀杆与闸板脱落	正确选用闸阀，操作用力适当
	导轨扭曲、偏斜	注意检查，进行修整
	闸板拆卸后装反	拆卸时，应作好记录
	密封面擦伤	不宜在含磨粒介质中使用闸阀；关闭过程中，密封面间反复留有细缝，利用介质冲走磨粒和异物

二、截止阀和节流阀常见故障及其预防

截止阀和节流阀常见故障及其预防见表 6-11。

表 6-11　截止阀和节流阀常见故障及其预防

常见故障	产生原因	预防和排除方法
密封面泄漏	介质流向不对，冲蚀密封面	按流向箭头或按结构形式安装
	平面密封面沉积污物	关闭时留细缝冲刷几次后再关闭
	锥面密封面不同心	装配要正确，阀杆、阀瓣或节流锥、阀座三者在同一轴线上，阀杆弯曲要矫直
	衬里密封面损坏、老化	定期检查和更换衬里。关闭力要适当，以免压坏密封面
	针形阀堵死	选用不对，不适于黏度大的介质
	小口径阀门被异物堵住	拆卸或解体清除
失效	内阀杆螺母或阀杆梯形螺纹损坏	选用不当，被介质腐蚀，应正确选用阀门的结构形式。操作力要小，梯形螺纹损坏后应更换
节流不准	标尺不对零位或无标尺	标尺应调零，丢失后应及时补齐
	节流锥冲蚀严重	要正确选材和热处理，流向要对，操作要正确

三、球阀常见故障及其预防

球阀常见故障及其预防见表 6-12。

表 6-12　球阀常见故障及其预防

常见故障	产生原因	预防和排除方法
关不严	球体冲翻	装配要正确，操作要平稳，不允许作节流阀使用，球体冲翻后应及时修理，更换密封座
	密封面无预紧压力	阀座密封面应定期检查预紧压力，发现密封面有泄漏或接触过松时，应少许压紧阀密封面，预压弹簧失效应更换

常见故障	产生原因	预防和排除方法
关不严	扳手、阀杆和球体三者连接处间隙大，扳手已关到位，而球体转角不足90°而产生泄漏	有限位机构的扳手、阀杆和球体三者连接处松动和间隙过大时，紧固要牢，调整好限位块，消除扳手提前角，使球体正确开闭
	当节流阀使用，或者损坏密封面，密封面被压坏	不允许作节流用；拧紧阀座处螺栓应均匀、力要小，不要一次拧的太多太紧，损坏的密封面可进行研刮修复
	阀座与本体接触面不光洁、磨损、O形圈损坏，使阀座泄漏	提高阀座与本体接触面光洁度，减少阀座拆卸次数，O形圈定期更换

四、旋塞阀常见故障及其预防

旋塞阀常见故障及其预防见表 6-13。

表 6-13　旋塞阀常见故障及其预防

常见故障	产生原因	预防和排除方法
密封面泄漏	阀体与塞锥密封面加工精度和光洁度不合要求	重新研磨阀体与塞锥密封面，进行着色检查和试压
	密封面中混入磨粒，擦伤密封面	操作时应利用介质冲洗阀内和密封面上的磨粒等脏物，阀门应处全开或全关位置，擦伤密封面应修复
	油封式油路堵塞或没按时加油	应定期检查和疏通油路，按时加油
	调整不当或调整部件松动损坏	应正确调整旋塞阀调节零件，以旋转轻便和密封不漏为准，损坏的应及时更换
	自封式排泄小孔被污物堵塞，失去自紧密封能力	定期检查和清洗，不宜用于含沉淀物多的介质中

常见故障	产生原因	预防和排除方法
阀杆旋转不灵活	密封面压得过紧	适当调整密封面的压紧力
	密封面擦伤	定期修理，油封式定期加油
	润滑条件变坏	填料装配时，适当涂些石墨，油封定期加油
	压盖压的过紧	适当放松些
	扳手磨损	操作要正确，扳手位损坏后应进行修复

五、蝶阀常见故障及其预防

蝶阀常见故障及其预防见表 6-14。

表 6-14　蝶阀常见故障及其预防

常见故障	产生原因	预防和排除方法
密封面泄漏	橡胶密封圈老化、磨损	定期更换
	密封面压圈松动、破损	重新拧紧压圈，破损和腐蚀严重的更换
	介质流向不对	应按介质流向箭头安装蝶阀
	阀杆与蝶板连接处松脱使阀门关不严	拆卸蝶阀，修理阀杆与蝶板连接处
	传动装置和阀杆损坏，使密封面关不严	进行修理，损坏严重的应予更换

第三节　自动阀门常见故障及其预防

一、止回阀常见故障及其预防

止回阀常见故障及其预防见表 6-15。

表 6-15　止回阀常见故障及其预防

常见故障	产生原因	预防和排除方法
升降式阀瓣升降不灵活	阀瓣轴和导向套上的排泄孔堵塞, 产生阻尼现象	不宜使用于黏度大和含磨粒的介质, 定期修理清洗
	安装和装配不正, 使阀瓣歪斜	阀门安装要正确, 阀门盖螺栓应均匀拧紧, 零件加工质量不高, 应进行修理
	阀瓣轴与导向套间隙过小	阀瓣轴与导向套间隙适当, 应考虑温度变化磨粒侵入的影响
	阀瓣轴与导向套磨损或卡死	装配要正, 定期修理, 损坏严重的应更换
	预紧弹簧失效, 产生松弛、断裂	预紧弹簧失效应及时更换
旋启式摇杆机构损坏	阀门前后压力接近平衡或波动大, 使阀瓣反复拍打而损坏阀瓣和其他件	操作压力不稳定的场合, 适于选用铸钢阀瓣和钢摇杆
	摇杆机构装配不正, 产生阀瓣掉上掉下缺陷	装配和调整要正确, 阀瓣关闭后应密合良好
	摇杆与阀瓣和芯轴连接处松动或磨损	连接处松动、磨损后, 应及时修理, 损坏严重的应更换
	摇杆变形或断裂	摇杆变形要校正, 断裂应更换
介质倒流	除产生阀瓣升降不灵活和摇杆机构磨损原因外, 还有密封面磨损, 橡胶密封面老化	正确选用密封材料, 定期更换橡胶密封面, 密封面磨损后及时研磨
	密封面间夹有杂质	含杂质的介质, 应在阀前设置过滤器或排污管线

二、安全阀常见故障及其预防

安全阀常见故障及其预防见表 6-16。

表 6-16　安全阀常见故障及其预防

常见故障	产生原因	预防和排除方法
密封面泄漏	由于制造精度低、装配不当、管道载荷等原因，使零件不同心	修理或更换不合格的零件，重新装配，排除管道附加载荷，使阀门处于良好状态
	安装倾斜，使阀瓣与阀座产生位移，以至接触不严	应直立安装，不可倾斜
	弹簧的两端不平行或装配时歪斜；杠杆式的杠杆与支点发生偏斜或磨损，使阀瓣与阀座接触压力不均匀	修理或更换弹簧，重新装配；修理或更换支点磨损件，消除支点的偏移，使阀瓣与阀座接触压力均匀
	弹簧断裂	更换弹簧，更换的弹簧质量应符合要求
	由于制造质量、高温和腐蚀等因素使弹簧松弛	根据产生原因有针对性地更换弹簧，如果是选型不当应调换安全阀
	阀瓣与阀座密封面损坏；密封面上夹有杂质，使密封面不密合	研磨密封面，其粗糙度 $R_a \geqslant 0.100$；开启(带扳手)安全阀吹扫杂质或卸下安全阀清洗。对含杂质多的介质，适于选用橡胶、塑料类的密封面或带扳手的安全阀
	阀座连接螺纹损坏或密合不严	修理更换阀座，保持螺纹连接处严密不漏
	阀门开启压力与设备正常工作压力太接近，密封比压降低，当阀门振动或压力波动时，容易产生泄漏	根据设备强度，对开启压力作适当调整
	阀内运动零件有卡阻现象	查明阀内运动零件卡阻原因后，对症修理
阀门启闭不灵活不清脆	调节圈调整不当，使阀瓣开启时间过长或回座迟缓	应重新加以调整
	排放管口径小，排放时背压较大，使阀门开不足	应更换排放管，减小排放管阻力

常见故障	产生原因	预防和排除方法
未到压力规定就开启	开启压力低于规定值；弹簧调节螺钉、螺套松动或重锤向支点窜动	重新调整开启压力至规定值；固定紧调节螺钉、螺套和重锤
	弹簧弹力减小或产生永久变形	更换弹簧
	调整后的开启压力接近、等于或低于安全阀工作压力，使安全阀提前动作、频繁动作	重新调整安全阀开启压力至规定值
	常温下调整的开启压力而用于高温后，开启压力降低	适当拧紧弹簧调节螺钉、螺套，使开启压力至规定值。如果属于选型不当，应调换带散热器的安全阀
	弹簧腐蚀引起开启压力下降	强腐蚀性的介质，应选用包复氟塑料的弹簧或选用波纹管隔离的安全阀
到限定开启压力仍不动作	开启压力高于规定值	重新调整开启压力
	阀瓣与阀座被污物粘住或阀座被介质凝结或结晶堵塞	开启安全阀吹扫或卸下清洗，对因温度变冷容易凝结和结晶的介质，应对安全阀伴热或在安全阀底部连接处加爆破膜隔断
	寒冷季节室外安全阀冻结	应进行保温或伴热
	阀门运动零件有卡阻现象，增加了开启压力	检查后，排除卡阻现象
	背压增大，使工作压力到规定值后，安全阀不起跳	消除背压，或选用背压平衡式波纹管安全阀
安全阀的振动	由于管道的振动而引起安全阀振动	查明原因后，消除振动
	阀门排放能力过大	选用阀门的额定排放量尽可能接近设备的必需排放量
	进口管口径太小或阻力太大	进口管内径不小于安全阀进口通径或减少进口管的阻力

常见故障	产生原因	预防和排除方法
安全阀的振动	排放管阻力过大，造成排放时背压过大，使阀瓣落向阀座后又被介质冲起，以很大频率产生振动	应降低排放管的阻力
	弹簧刚度太大	应选用刚度小的弹簧
	调整圈的调整不当，回座压力过高	重新调整调节圈位置

三、减压阀常见故障及其预防

减压阀常见故障及其预防见表 6-17。

表 6-17　减压阀常见故障及其预防

常见故障	产生原因	预防和排除方法
阀门直通	活塞环破裂、气缸磨损、异物混入等原因使活塞卡住在最高位置以下处	定期清洗和修理，活塞机构损坏严重应更换
	阀瓣弹簧断裂或失去弹性	及时更换弹簧
	阀瓣杆或顶杆在导向套内某一处卡住，使阀瓣呈开启状态	及时拆下修理，排除卡阻现象，对无法修复的零件，应予更换
	脉冲阀泄漏或其阀瓣杆在阀座孔内某一位置卡住，使脉冲阀呈开启状态，活塞始终受压，阀瓣不能关闭，介质直通	定期清洗和检查，控制通道应有过滤器，过滤器应完好
	密封面和脉冲阀密封面损坏或密封面间夹有杂物	研磨密封面，无法修复的应更换
	膜片、薄膜破损或其周边密封处泄漏而失灵	定期更换膜片、薄膜；周边密封处泄漏时应重新装配；膜片、薄膜破损后应及时更换
	阀后腔至膜片小通道堵塞，致使阀门不能关闭	应解体清理小通道，阀前应设置过滤装置和排污管
	气包式控制管线堵塞或损坏，或者充气阀泄漏	疏通控制管线，修理损坏的管线和充气阀

常见故障	产生原因	预防和排除方法
阀门不通	活塞因异物、锈蚀等原因，卡死在最高位置，不能向下移动，阀瓣不能开启	除定期清洗和检查外，活塞机构的故障应解体清洗和修理
	气包式的气包泄漏或气包内压过低	查出原因后，进行修理
	阀前腔到脉冲阀，脉冲阀到活塞的小通道堵塞不通	通道应有过滤网，过滤网破损应更换；通道出现堵塞应疏通清洗干净
	调节弹簧松弛或失效，不能对膜片、薄膜产生位移，致使阀瓣不能打开	更换调节弹簧，按规定调整弹簧压紧力
阀门压力调节不准	活塞密封不严	应研磨或更换活塞环
	弹簧疲劳	应予更换
	阀内活动部件磨损，阀门正常动作受阻	解体修理，更换无法修理的部件，装配要正确
	调节弹簧的刚度过大，造成阀后压力不稳定	选用刚度适当的调节弹簧
	膜片、薄膜疲劳	更换膜片或薄膜

第七章 阀门的安装与拆卸

垫片的拆卸与安装是阀门检修的主要程序之一，是油库预防"跑冒滴漏"的重要内容。垫片拆卸与安装质量的好坏，是直接关系到油库安全运行的重要技术措施。

第一节 阀门安装的要求

在油库中，阀门安装是其配套于管道和设备的重要步骤，其安装质量的好坏，直接影响投产后的操作使用、检查维修、安全运行。

一、阀门安装的一般要求

这里系指一般阀门的安装，对特殊阀门的安装应按有关说明进行。

(1)无论哪类阀门，其安装应确保安全，有利于操作、维修、拆装。

(2)维修工和管道工应学会识别管线安装图及各类阀门表示符号，应按图施工。对一般阀门安装位置和走向的改进，应有自行处理的能力。

(3)为方便操作，保证安全，安装阀门时应考虑阀门的操作。其操作机构和操作地点相对位置应符合操作要求，即两点应在1.2m以内。当阀门中心和手轮距离操作地面超过1.8m时，对操作频繁的阀门应设置操作平台；对高度超过1.8m，不经常操作的单个阀门，可采用链轮、延伸杆、活动平台，以及活动梯子等设施。当阀门安装在操作地面以下时，应设置伸长杆或阀门井，阀门井应有盖板。

（4）水平管道上的阀门，其阀杆最好垂直向上，不应将阀杆朝下安装。阀杆朝下安装不仅操作、维修不便，而且阀门还容易腐蚀。落地阀门倾斜安装，会使操作不便。

（5）并排安装在管道上的阀门，应有操作、维修、拆装的空间，其手轮之间的净距离不得小于 100mm。如间距较窄，应将阀门交错排列。

（6）对开启力矩大、强度较低、脆性和重量较大的阀门，应设置阀门支架，支承阀门重量。阀门应尽量安装在靠近总管道的位置上，减少支管道上的阀门。

（7）减压阀不应安装在靠近容易受冲击的地方，应考虑其所在位置振动较小、环境宽敞、便于维修。

二、阀门安装姿态

阀门的安装与其他机械设备安装一样，有一个安装姿态问题。阀门安装的正确姿态是内部结构符合介质的流向，符合阀门结构型式的特定要求和操作要求。另外，正确姿态还含有整齐划一，美观大方之感。

（一）阀门安装方向

不少阀门对介质的流向都有具体规定，安装时应使介质的流向与阀体上箭头的指向一致。

（1）方向识别。阀门上没有注明箭头时，应按阀门的结构原理正确识别，切勿装反。否则，将会影响使用效果，甚至引发故障，造成事故。

（2）闸阀。闸阀一般没有规定介质流向。为了防止阀门关闭后阀腔内介质因温度升高而膨胀，造成危险，应在介质进口侧的阀板上有一个卸压孔。

（3）截止阀。除特殊截止阀外，介质的流向应从阀瓣下方流经密封面。安装时，应按阀体箭头指向识别方向。如果介质流向从密封面流向阀座下，截止阀关闭填料仍然受压，不利于填料更换，开启时费力，开启后介质阻力增大，密封面会受到冲蚀。因此，截止阀的方向不能装反。

(4)止回阀。止回阀的介质流向是从阀瓣下面冲开阀瓣。旋启式止回阀的阀体上有箭头指示，其介质是从阀瓣密封面流向出口端的。如果安装反了，容易造成事故。

(5)蝶阀。蝶阀一般是有方向性的，安装时，介质流向与阀体上所示箭头方向一致，即介质应从阀门的旋转轴(或阀杆)向密封面的方向流过。中心垂直板式蝶阀的安装无方向性。

(6)节流阀。节流阀的介质流向有方向性，阀体上有箭头指示。介质流向应是自下而上，装反了会影响节流阀的使用效果和寿命。

(7)安全阀。安全阀的介质流向是从阀瓣下方向上流动。如果反向安装，会酿成重大事故。

(8)减压阀。减压阀的介质流向应与阀体上箭头指向一致。如果反向安装，将根本不起减压作用。

(二)阀门安装姿态

(1)闸阀。双闸板结构的应直立安装，即阀杆处于垂直位置，手轮在上面；单闸板结构的可在任意角度上安装，但不允许倒装；对带有传动装置的闸阀，如齿轮、蜗轮、电动、气动、液动阀门，按产品说明书安装，一般阀杆铅垂安装为好。

(2)截止阀、节流阀。这两种阀门可安装在设备或管道的任意位置，带传动装置的应按产品说明书规定安装。截止阀阀杆水平安装会有位移现象，使阀瓣与阀座不同轴线，密封面会掉线，发生泄漏。因此，截止阀阀杆应尽量铅垂安装。节流阀需经常操作、调节流量，应安装在较宽敞的位置。

(3)止回阀。升降式止回阀，只能水平安装在管道上，阀瓣的轴线呈铅垂状；弹簧升降止回阀、旋启式止回阀可安装在水平管道上，也可在介质自下向上流动的竖管上；旋启式止回阀摇杆销轴安装时，应保持水平位置。

(4)球阀、蝶阀。这两种阀门可安装在设备和管道上的任意位置，但带有传动装置的，应垂直安装，传动装置处于铅垂位置。三通球阀垂直安装，安装时应注意有利操作和检修。

（5）旋塞阀。可在任意位置安装，但应有利观看沟槽、方便操作。对三通或四通旋塞阀适于直立或小于90°安装。

（6）安全阀。安全阀不管是杠杆式或弹簧式都应直立安装，阀杆与水平面应保持良好的垂直度。安全阀的出口应避免出现背压现象，如出口有排泄管，应不小于阀门的出口通径。

（7）减压阀。为了方便操作、调整、维修，减压阀一般安装在水平管道上。安装的方法和要求应按产品说明书规定。波纹管式减压阀用于蒸汽管道时，波纹管向下安装，用于空气管道时，反向安装。

三、阀门安装作业

阀门安装应按照阀门使用说明书和有关规定执行。

（1）安装前，应检查核对阀门规格型号是否相符，阀门是否试压。核实无误后，作好阀门内外的清洁；检查阀门各部件是否齐全；没有装填料的，应按介质的工作条件选好填料并装好；开启阀门，检查转动是否灵活，密封面有无碰伤。确认无疑后，方可安装。

（2）安装阀门的管道和设备，应进行吹扫和冲洗，清除管道和设备中油污、焊碴和其他杂物，以防擦伤阀门密封面，堵塞阀门。

（3）阀门公称直径超过 DN100mm 的，应有起吊工具和设备，起吊的绳索应系在阀门的法兰处或支架上，轻吊轻放。不允许把绳索系在阀杆和手轮上，以免损坏阀件。

（4）安装法兰连接的阀门时，阀门法兰与管道法兰必须平行，法兰间隙适当，不应出现错口、张口等缺陷。法兰间的垫片应放置正中，不能偏斜。螺栓应对称紧固，不可过紧或过松，螺栓拧紧后，用塞尺检查法兰间各方位的预留间隙，间隙应合适一致。

（5）安装螺纹阀门时，最好在阀门两端设置活接头，螺纹密封材料，视情况用铅油麻纤维（油品用阀门不得使用）、聚四氯乙烯生胶带或密封胶，注意不要把密封材料弄到阀门内腔里。对铸铁和非金属阀门，螺纹不要拧得过紧，以免胀破阀门。

(6)安装焊接连接阀门时，阀门与管道接口要对准，管道应能够微量移动，避免阀门受到管道约制，防止阀门发生变形。阀门与管道对准后点焊好，然后全开启闭件，按照焊接规范进行施焊，整体焊牢，不能有气孔、夹碴、咬肉、裂纹等缺陷。焊接完毕后，应对焊缝进行检查，对一些重要部位的阀门焊接处还应进行 X 射线检查，然后对管道和阀门进行吹扫、冲洗。

第二节　垫片的密封原理

静密封是两个连接件中间夹上垫片来实现密封的。静密封的结构形式很多，有平面垫、梯形(椭圆)垫、透镜垫、锥面垫、液体密封垫、O 形圈，以及各种自密封垫圈等。这些垫片按制作材料有非金属垫片、金属垫片、复合材料垫片三大类。为了适应各种不同类型的阀门和不同的压力、温度，以及不同性质的介质的需要，垫片分为很多品种。垫片是解决静密封处"跑冒滴漏"的重要零件。因此，垫片的安装是一个很重要的环节。

一、静密封处泄漏种类

静密封处泄漏有两种，即界面泄漏和渗透泄漏，如图 7-1 所示。

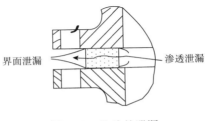

界面泄漏　　　　　　　　　　　　渗透泄漏

图 7-1　垫片的泄漏

二、界面泄漏

(一)界面泄漏含义

所谓界面泄漏就是介质从垫片表面与连接件接触的密封面之间渗漏出来的一种泄漏形式。界面泄漏与静密封面的型式,密封面的粗糙度,垫片的材料性能及垫片安装质量(位置与比压)等因素有关。

(二)渗透泄漏

所谓渗透泄漏就是指介质从垫片的毛细孔中渗透出来的一种泄漏形式。组织疏松的植物纤维、动物纤维、矿物纤维材料制作的垫片容易产生渗透泄漏。

通常所说的"阻止渗透"、"无泄漏",只不过渗透量非常微小,肉眼看不到渗透泄漏。

(三)密封原理

图7-2是垫片的密封机理,图中的密封面和垫片是放大了的微观几何图形。当垫片在密封面之间未压紧前,垫片没有塑性变形和弹性变形,介质很容易从界面泄漏。当垫片被压紧后,垫片开始变形,随着压紧力增加,垫片比压增大,垫片变形越大。由于垫片表面层变形,垫片被挤压进密封面的波谷中去,填满整个波谷,阻止介质从界面渗透出来。垫片中间部分在压紧力的作用下,除有一定的塑性变形外,还有一定的弹性变形,当两密封面在某些因素(如管线冷缩、管内压力增大等)的作用下间距变大时,垫片具有回弹力,随之变厚,填补密封面间距的变大,阻止介质从界面泄漏。

(四)影响泄漏的因素

垫片的渗透泄漏与介质的压力、渗透能力,垫片材料的毛细孔大小、长短,对垫片施加压力的大小等因素相关。介质的压力大而黏度小,垫片的毛细孔大而短,则垫片的渗透量大。反之,则垫片的渗透量小。连接件中的垫片压的越紧,垫片中

（a）压紧前	（b）压紧后

图 7-2　垫片的密封机理

的毛细孔也将逐渐缩小，介质从垫片中的渗透能力将大大减小，甚至认为阻止了介质的渗透泄漏。给垫片施加适当的预紧力，是保证垫片不产生或者延迟产生界面泄漏和渗透泄漏的重要手段。当然，给垫片施加的预紧力不能过大，否则会压坏垫片，使垫片失去密封效能。

三、螺栓施加的预紧力

螺栓施加预紧力的确定，是一个复杂的问题，它与密封形式、介质压力、垫片材料、垫片尺寸、螺纹表面粗糙度，以及螺栓螺母旋转面有无润滑等诸因素相关。有润滑时，摩擦系数是 0.1～0.15，无润滑时摩擦系数是 2.2～3.0。

（一）螺栓施加预紧的扭矩

（1）《安装垫片的技术要求》中规定的扭矩（测力）扳手，螺母直径为 M10～16 的螺母旋紧力矩为 150～200N·m，M20～22 的旋紧力矩为 250～300N·m。规定的旋紧力矩未考虑螺栓材质、螺纹精度和表面粗糙度，垫片的形式，材质及厚度等因素。同时，规定扭矩扳手适用的阀门及法兰范围，见表 7-1。

表 7-1　扭矩扳手运用阀门的范围

公称压力/MPa	0.6	1.0	1.6	2.5	4.0	6.4	10.0	16.0
最大公称直径/mm	700	500	350	200	150	100	80	50

（2）阀门组装时螺栓螺母的螺纹表面，以及相应的接触面应涂上润滑剂。经长期使用后再拧紧时，必须依据表面状的变化，重新确定预紧力。计算螺栓施加预紧力的扭矩 M，其简略公

式是:

$$M = 0.1QD \sim 0.4QD$$

式中　M——扭矩扳手施加的扭矩，N·cm;

　　　Q——预紧力，N;

　　　D——螺栓的公称直径，cm。

石油化工常用法兰垫片选用导则中规定，螺栓的上紧扭矩简单公式计算是:

$$T = 0.02 \times W \div n \times d$$

式中　T——一个螺栓的当量扭矩，N·m;

　　　W——垫片上紧载荷，N;

　　　n——螺栓个数;

　　　d——螺栓有效直径(根径)，m。

（3）缠绕式垫片推荐压缩后的厚度数值，见表7-2。

表7-2　缠绕式垫片的压缩表　　mm

垫片公称厚度	压缩后厚度	垫片公称厚度	压缩后厚度	垫片公称厚度	压缩后厚度	垫片公称厚度	压缩后厚度
1.6	1.25 ± 0.05	3.2	2.4 ± 0.1	4.5	3.3 ± 0.1	6.4	4.8 ± 0.2

（二）预紧比压 y、垫片系数 m

（1）预紧比压 y。为了确保垫片密封严密不漏，需对垫片施加足够的压紧力，在这个力的作用下，垫片被压缩变薄。当阀门带压工作时，就会产生一种与压紧力相反的力，使螺栓伸长，法兰间隙增大，垫片也随之回弹，厚度有所恢复。当法兰间隙增大到一定程度时，垫片密封处开始渗透泄漏，这时垫片所承受的压紧力，称作垫片最小预紧压力，亦称为垫片"漏点"。如果垫片的预紧压力小于漏点值，即使介质工作压力很小，垫片也不能起到密封作用。最小预紧压力是某种密封垫片的固有静态特性，考虑到阀门工作的安全性，设计时垫片最小预紧压力乘上一个安全系数;得到的数值为设计的垫片预紧压力，也称垫片预紧比压，用 y 表示，单位 MPa。

确定垫片的预紧压力，一般用 y 值乘以垫片有效压紧面积。

（2）垫片系数 m。垫片系数 m 为有效压紧应力 G_g 与工作压力 P 的比值，即：

$$m = G_g/P$$

m 是个无名数，它反映了密封垫片的动态特性。从公式可以看出，内压 P 增加时，压紧力增加；m 值越大，压紧力越大。

（3）常用垫片的 y、m 要保证垫片密封可靠，必须同时满足 y 和 m 值。常用垫片的 y 和 m 值，见表 7-3。

表 7-3　　常用垫片的 Y、m 值

垫片种类		垫片剖面图	Y/MPa	m
橡胶垫片	邵氏硬度 <75		1.0	0.50
	邵氏硬度 ≥75		1.5	1.00
夹布橡胶垫片			3.0	1.25
石棉橡片	厚度 3.2		11.5	2.00
	厚度 1.6		26.0	2.75
	厚度 0.8		45.5	3.50
夹石棉布橡胶垫	三层		15.5	2.25
	二层		20.0	2.50
	一层		26.0	2.75
纸垫片			8.0	1.75
缠绕垫片	镍钢		20.0	2.50
	不锈钢		31.5	3.00
橡胶 O 形圈	邵氏硬度 <75		0.7	3.00
	邵氏硬度 ≥75		1.5	6.00
包石棉金属波形垫片	软铝		20.0	2.50
	黄铜		26.0	2.75
	纯铁或软钢		32.0	3.00
	蒙乃尔合金		39.0	3.25
	不锈钢		45.0	3.50

垫片种类		垫片剖面图	Y/MPa	m
波形金属垫片	软铝		26.0	2.75
	黄铜		32.0	3.00
	纯铁或软钢		39.0	3.25
	蒙乃尔合金		45.0	3.50
	不锈钢		53.0	3.75
金属包垫片	软铝		39.0	3.25
	簧铜		45.0	3.50
	纯铁或软钢		53.0	3.75
	蒙乃尔合金		63.0	3.75
	不锈钢		70.0	4.25
梯形垫片或椭圆垫片	纯铁或软钢		126.0	5.50
	蒙乃尔合金		153.0	6.00
	不锈钢		180.0	6.50
金属平垫片	软铝		62.0	4.00
	簧铜		91.0	4.75
	纯铁或软钢		120.0	5.50
	蒙乃尔合金		163.0	6.00
	不锈钢		180.0	6.50

聚四氟乙烯垫片的垫片系数 m，当垫片厚度 $S=1$ 时，$m=4$；$S=2$，$m=2^1$；$S=3$，$m=2^2$。

粘贴膨胀石墨带的金属色垫片和金属平垫片的垫片系数，$m=2$。

在长期高温运行的条件下，法兰及其紧固件将产生蠕变，有使垫片密封失效的现象。随着温度的升高，运行时间的增长，这种现象尤为显著。因此，对螺栓的预紧压力需增加一个附加力，但是预紧力也不可无限增加，它受到连接法兰的强度和垫片性质的制约。在高温或深冷工况条件下，对螺栓采取热紧、冷松的办法，以满足压紧垫片足够的预紧压力。

综上所述，压紧垫片的螺栓预紧力受多种因素的影响，一般说来，压力高、温度高比压力低，温度低时预紧力要大些；金属垫片比非金属垫片的预紧力要大些；介质黏度低、渗透力较强的比渗透力较弱的预紧力要大些；垫片接触面积大的比垫片接触面积小的预紧力要大些。总之，在保证试压密封的条件下，根据具体情况尽量采用较小的螺栓预紧力。

第三节　垫片的安装与拆卸

一、垫片安装前的准备

垫片属于易损件，在阀门中它与填料是更换量最大、最频繁的零件。垫片选择和安装质量是直接关系静密封点是否"跑冒滴漏"，能否保证安全的大问题。

（一）垫片尺寸的确定

垫片尺寸可按 JB/T 1718—2008 标准执行（适用于灰铸铁和可锻铸铁阀门的阀门体和阀门盖连接处）。垫片形式如图 7-3 所示，其尺寸见表 7-4。在实际工作中，对于非标准垫片或现场现制的垫片，可按原垫片制作或在阀门上测量尺寸。其垫片内外径尺寸，光滑面法兰用垫片的内径比实际直径大些，垫片的外径基本与光滑面外圆一致，如果考虑定位不便，可将垫片的外径加大至螺栓内侧，以螺栓定位。垫片的宽度选定，一般在使用材料的正常比压下，试压不漏就可以了，不宜过宽，垫片过宽施加很大的压紧力，还会密封不严；也不宜过窄，垫片过窄容易泄漏，压紧力过大后，还会损坏垫片。

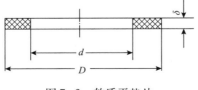

图 7-3　软质平垫片

表 7-4　　　　法兰垫片尺寸　　　　　　　　　　mm

d(内径)		D(外径)		δ(厚)	d(内径)		D(外径)		δ(厚)
尺寸	偏差	尺寸	偏差		尺寸	偏差	尺寸	偏差	
18		26			68		82		1.5
20		28			70		85	-0.5	
22		30			75		90		
24		32			85		100		
27		35			90		110		
30		38			95		115		
33	+0.5	43	-0.5	1.5	105	0.5	125		2
36		46			110		130		
39		50			115		135	-1.0	
42		52			130		150		
45		58			135		155		
52		65			140		160		
56		70			160		190		
60		75			185		215		3

（二）平行垫的制作

将板材制作成垫片的方法很多，大致可分为錾制、锯制、剪制、切制、冲制、车制等。

1. 錾制垫片

錾制垫片适用于现场制作。錾制工具与一般钳工用的錾子不同，它是用薄的工具钢和废旧锯条制成，有平錾刀、曲錾刀等，其形状如图 7-4 所示。刃口夹角为 15°～30°。

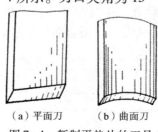

（a）平面刀　　　（b）曲面刀

图 7-4　錾制平垫片的工具

图 7-5 是錾制方法。先用圆规按尺寸在板材上划线，用剪板机或平錾刀先下料成方块，再用曲面錾刀沿内圆线錾制内圆，一般沿内圆线錾制二周即可。接着錾制外圆，外圆用平錾刀切割，一般沿外圆线錾制两周即可。最后用平锉修整外圆，用半圆锉修整内圆。錾制过程中，板材应放在硬木板上进行，錾刀与板材保持垂直，錾切线过渡自然，垫片表面不允许有任何刀痕、扯撕、锤击痕迹，边沿应光滑，无毛刺、缺边等缺陷。有径向裂纹的垫片不允许使用。

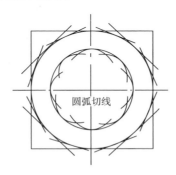

图 7-5　錾制平垫的方法

2. 锯制垫片

使用手工锯按图 7-5 的加工线锯割垫片外圆。对石棉板进行锯制时，要特别注意锯口周围"起毛"而影响垫片加工质量，解决办法是锯割速度适当，反装细齿锯条进行加工。

3. 剪制垫片

剪制垫片有手工、机械加工两种。手工是用剪刀加工垫片，剪制的板材一般为石棉板、橡胶、塑料等。剪制方法如图 7-6 所示。图 7-6 中(a)是正确方法，便于目视检查，保证质量；图 7-6 中(b)是错误方法，在加工过程中无法用目视的方法检查。

机械加工垫片的工具有电动剪板工具和剪板机。剪板机如图 7-7 所示。它特别适用于剪切较大的垫片。对于油库来说，垫片用量不是很大，没有必要购置机械加工用电动剪板工具和剪板机。

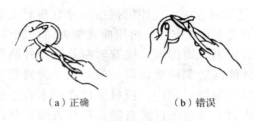

（a）正确　　　　　　　（b）错误

图 7-6　手工剪制方法

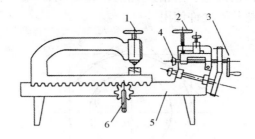

图 7-7　剪板机示意图

1—定心手轮；2—刀片调节手轮；3—剪切手轮；
4—刀片；5—机架；6—半径调节手轮

4. 切制垫片

切制垫片常用的切垫片器如图 7-8 所示。它使用方便，效率高，质量好。适于切制厚度 1～4mm，直径 15mm 以上的垫片。切制器油库可以自行加工制造。

切制器的构造及工作原理：莫氏锥体与钻床主轴配用，锥体中间装有弹簧和定心杆，定心杆的尖端用于垫片的圆心定位，锥体顶部有泄气孔，以消除定心杆的阻滞现象。调节臂两端中间开有长形槽，能使刀架左右滑动，使刀片到定心杆尖端的距离等于垫片内圆或外圆的半径。两个刀架可以在调节臂的长形槽中调换 180° 的位置，松开或紧固压盖上的螺钉可使刀架移动或固定。刀片插入刀架上的扁形孔并用螺钉固定，刀架和刀片上方的调节螺钉可调整刀片的上下或长短。两只刀片可用废旧锯条制成，切制垫片外圆的刀片刃口朝外，切制垫片内圆的刀片刃口朝内。两刀片应为等高，或者切内圆刀片略高于外圆刀

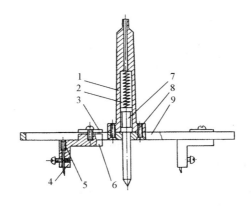

图 7-8　切垫片器

1—莫氏锥体；2—弹簧；3—压盖；4—刀片；5—调节螺钉；
6—刀架；7—定心杆；8—紧固螺钉；9—调节臂

片。这样，切制垫片时可同时切断其内外圆，或者内圆比外圆早切断。如果垫片的外圆比内圆早切断，垫片不能用手固定，内圆刀片会带动垫片旋转而切不断。

切制垫片时，将切垫片器装在钻床主轴上，工作台上垫一块硬木板，表面应平整并与切垫片器的定心轴垂直，按垫片尺寸调节两刀片至定心杆尖的距离，然后试转，检查尺寸是否正确，确定无误后再正式切断垫片。刀片伸出长度约超出垫片的厚度，伸出太长会使刀片折断。切制垫片适于大块板料，否则将操作不便和不安全。切制后的余料，还可用钉子钉在或卡具固定在木板上再切制较小的垫片。

5. 冲制垫片

冲制垫片分手工和机械两种。机械冲制是用加工垫片的专用模具在冲压机床上冲制，生产效率高、质量好，但需要专用模具，适用大批量的生产。

手工冲制垫片是利用图 7-9 工具进行冲制。冲制工具用工具钢制成，刀口硬度高且刀口夹角要小而锋利。手工冲制工具油库可以自行制造。

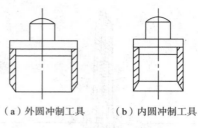

（a）外圆冲制工具　　　（b）内圆冲制工具

图 7-9　冲制垫片工具

6. 车床车垫片

用车床进行加工垫片的方法分为内夹紧法、顶压紧法、外夹紧法、内外夹紧法等。车床加工的垫片质量好，可加工金属垫片、非金属垫片、套料垫片，并节约板材。

图 7-10 是内夹紧法。加工一根带有肩台、安装垫料的轴、一块挡板、一块夹板和锁紧螺母。将带肩台的一端夹在卡盘上，肩台处放置一块挡板，将方块垫料套在轴上，上好夹板，拧紧螺母即可。加工时应先车外圆，后车内圆。这种内夹紧方法简单易行。

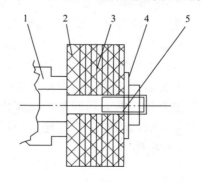

图 7-10　内夹紧法加工垫片示意图
1—卡盘；2—挡板；3—垫料；4—夹板；5—带肩台轴

图 7-11 是顶压夹紧法。加工一根带有肩台、安装垫料的轴和顶盖。将带肩台的一端夹在卡盘上，将方块垫料套在轴上，用车床尾架上的活顶针把顶盖压紧，向垫料施加压力。当顶紧、锁好尾架顶针即可加工。此法夹持的垫料不宜太多，否则，顶

压不紧而造成车削时的垫片打滑。

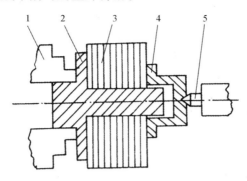

图 7-11　顶压夹紧法加工垫片示意图

1—卡盘；2—带挡板的轴；3—垫料；4—顶盖；5—活顶尖

图 7-12 是外夹紧法。用管子加工一根夹紧垫料的轴和两块挡板，在轴部端垂直焊接一块挡板，挡板的四角钻孔。加工前，先用四只螺栓把挡板，垫料和夹板一起夹紧，将带挡板轴夹在车床卡盘上，用车刀从内向外套车垫片，加工垫片的规格从小到大。外夹紧法比较麻烦，但加工过程中垫料不会滑动，适用加工大的垫片。

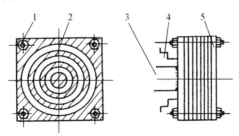

图 7-12　外夹紧法加工垫片示意图

1—螺栓；2—垫料；3—带挡板的轴；4—卡盘；5—夹板

(三)垫片安装前的工作

(1)垫片的选择。垫片应按照静密封面的形式和阀门的口径，以及使用的介质的压力、温度、腐蚀状态选用。对选用的垫片，应细致检查。对橡胶石棉板等非金属垫片，表面应平整和细密，不允许有裂纹、折痕、皱纹、剥落、毛边、厚薄不均和搭接等缺陷。

(2)安装垫片前应对螺栓螺母，以及螺纹连接或法兰连接处进行检查或修整。

螺栓螺母的型式、尺寸和材质应符合国家标准中有关规定。不允许乱扣、弯曲、材质不一、规格不同的螺栓螺母混入。

对螺纹连接的静密封结构，应无乱扣、滑扣现象，无裂纹和较严重的腐蚀现象。对法兰连接的静密封结构，应无偏口、错口、错孔和上下法兰配合不当等缺陷，也同样不允许有裂纹和较严重的腐蚀现象。

(3)安装垫片前应清理密封面。对密封面上的橡胶、石棉垫片的残片用铲刀铲除干净，水线槽内不允许有炭黑、油污、残碴、胶剂等物。密封面应平整，不允许有凹痕、径向划痕、腐蚀坑等缺陷。不符合技术要求的要进行研磨修复。

二、垫片安装的要求

垫片安装应在法兰连接结构或螺纹连接结构、静密封面和垫片检查合格后方可进行。

(1)上垫片前，密封面、垫片、螺纹及螺栓螺母旋转部位涂上一层石墨粉或石墨粉用机油（水）调和的润滑剂。垫片、石墨应保持干净（即垫片袋装，不沾灰；石墨装盒，不见天），随用随取，不得随地丢放。

(2)垫片安装在密封面上要适中、正确，不能偏斜，不能伸入阀腔内或搁置在台肩上。垫片内径应比密封面内孔大些，垫片外径应比密封面外径稍小，这样才能保证垫片受压均匀。

(3)安装垫片只允许垫一片，不允许在密封面间垫两片或多片垫片来消除两密封面之间的间隙。

(4)阀门中法兰垫片上盖前，阀杆应处于开启状态，以免影响安装和损坏阀件。上盖时要对准位置，不得用推拉的方法与垫片接触，以免垫片发生位移和擦伤。调整垫片的位置时，应将盖慢慢提起，对准后轻轻地放下。

（5）上螺栓时，打钢号一端应装在便于检查的一端，螺栓拧紧应采用对称、轮流、均匀操作方法，分2～4次旋紧，螺栓应满扣、齐整无松动。螺纹连接的垫片盖，有扳手位置的，不得用管钳。螺栓连接或螺纹连接的垫片安装，应使垫片处在水平位置上。

（6）垫片上紧后，两连接件之间应有适当间隙，以备垫片泄漏时再次上紧的余地。垫片安装的预留间隙，见图7－13。

图7－13（a）是错误的安装方法，两法兰之间的肩台相处过分"亲密"，没有间隙，螺纹连接处没有预留螺纹，它们都没有再紧的余地。图7－13（b）是正确的安装方法，肩台预留有间隙，螺纹有预留丝扣。

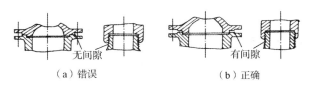

（a）错误　　　　　　　　（b）正确

图7－13　垫片安装的预留间隙

三、垫片安装中容易出现的问题

在垫片安装中，修理者往往忽视静密封面缺陷的修复，密封面和垫片的清洁工作不够彻底，随着这些问题而来的补救措施，是修理者用过大的预紧压力压紧垫片，使垫片的回弹能力变差，甚至损坏，缩短了垫片使用寿命。除此之外，常见的问题是偏口、错口、张口、双垫、偏垫、咬垫等，如图7－14所示。

（1）图7－14（a）是偏口，其产生的原因，除了加工的质量问题外，主要是拧紧螺栓时，没有按对称均匀，轮流的方法操作，事后又没有对称四点上检查法兰间隙。

（2）图7－14（b）是错口，其原因是加工质量不好，两法兰孔的中心没有对准，或者螺孔错位。

（3）图7-14（c）是张口，造成这种缺陷的原因，一是垫片太厚，使密封面露出在另一法兰的肩台上；二是凹面、榫槽面不合套，嵌不进去。

（4）图7-14（d）是双垫，这种产生缺陷往往是为了消除连接处预留间隙而又新出现的缺陷。

（5）图7-14（e）是偏垫，主要是安装不正引起的，垫片伸入阀腔内，容易受到介质的冲蚀，并使介质产生涡流。这种缺陷，使垫片受力不均匀，易产生泄漏。

（6）图7-14（f）是咬垫，它是由于垫片内径过小或外径过大引起的。垫片内径过小，伸入阀门腔内容易产生（e）图的缺陷，垫片外径过大，容易使边缘夹在两密封面的台肩上，使垫片压不紧。

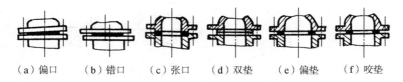

（a）偏口　　（b）错口　　（c）张口　　（d）双垫　　（e）偏垫　　（f）咬垫

图7-14　垫片在安装中常见缺陷

图7-14是以阀门中法兰为例的，也是在阀门安装中经常出现的缺陷。

在长期工作实践中，对保证垫片安装质量，总结为五句话，即"选的对，查的细，清得净，装得正，上得匀"。为了得到好的安装质量，这五个环节缺一不可。

四、垫片的拆卸

垫片拆卸顺序是：卸除垫片上的预紧力→打开静密封面→取出垫片→清除垫片残渣。垫片拆卸方法是：

（1）除锈法。螺纹处浸透煤油或除锈剂，清除锈物，增加润滑，便于零件的拆卸。

（2）匀卸法。解除加在垫片上的预紧力。松动螺栓应对称、均匀、轮流松动 1/4～1 圈后，然后卸下螺栓。

（3）撬动法。用楔形工具插入法兰间，撬动待卸法兰。操作时，轻轻地插入垫片与密封面的缝隙，对称地撬动，使垫片松动后取下。

（4）顶杆法。对锈死、粘接的垫片，先卸下螺栓，后关闭阀门，用阀杆顶开阀门盖。

（5）敲击法。利用铜棒、手锤等工具轻轻敲打阀体，使零件和垫片松动后拆卸。

（6）浸湿法。用溶剂、煤油等浸湿垫片，使其软化或剥离密封面后拆卸。

（7）铲刮法。利用铲刀斜刀刃紧贴密封面，铲除垫片及其残渣。对于橡胶石棉垫和黏附较紧的橡胶层，可用铲刀铲除，铲刀的刀口斜面应贴着密封面。用力要谨慎、均匀，不能性急，防止损伤密封面。有水线的密封面，沟槽的清除可用钢丝制成斜三角形刀具，清除槽中残渣。

第八章　阀门的修理

为节省经费，减少新阀门购置，使物尽其用，油库存在缺陷的阀门可用修理的方法恢复其功能。油库阀门修理主要有驱动装置修理、支架修理、阀杆修理、阀门体和阀门盖修补、静密封面修理等。

第一节　驱动装置修理

驱动装置是阀门的重要组成部分，是阀门开启或关闭中传递力的部件。由手轮带动阀杆，阀杆携带阀瓣升降，从而实现阀门的启闭、切断、分流、调节的功能。驱动装置是否完好，直接关系到阀门的正常运行。因此，驱动装置修理是阀门修理的重要内容。

手动操作阀门，按照《阀门手动装置技术条件》（GB/T 8531）规定，通过蜗轮或齿轮组成的减速传动机构直接操作的驱动装置，称为手动装置；通过手轮、扳手等工具直接操作的驱动装置，称为手动工具。在油库中，使用较为普遍的是手动工具操作的阀门。这种驱动装置是驱动装置中最简单、最普遍使用的驱动装置，也是不被人重视而容易损坏的驱动装置，损坏和丢失现象较多。手动工具丢失、损坏的主要原因是粗心装卸、保管不善、操作不当、保养不良造成的。

一、手动工具和结构

手动工具主要有手轮、手柄、扳手三种，其结构简单，适用于小口径阀门。

（一）手轮

1. 手轮的型式和材料

常见的阀门手轮有伞形手轮和平形手轮两种。一般手轮上有指示"开"和"关"箭头的标志，箭头顺时针指向。按规定灰铸铁、锻铸铁、球墨铸铁、铜合金阀门，采用可锻铸铁 KTH 330—08、KTH 350—10，球墨铸铁 QT 400—15、QT 450—10 材料制作手轮；钢制阀门除上述材料外，还可用碳钢 A5、WCC 制作手轮。小口径的阀门有的用铝、胶木、塑料等材料制造手轮。

2. 手轮的结构

手轮的结构，见图 8-1。

（1）伞型手轮与阀杆连接孔为方形孔和锥形方孔。锥形方孔的锥度为 1:10，轮辐 3~5 根，手轮直径为 50~400mm。方形孔伞形手轮，一般直径不超过 100mm，配合精度 H11，如图 8-1（a）所示。

（2）平型手轮与阀杆或阀杆螺母连接为锥形方孔、螺纹孔和带键槽孔。手轮直径 120~1000mm，轮辐 3~7 根，带键槽孔配合精度 H11，见图 8-1（b）。

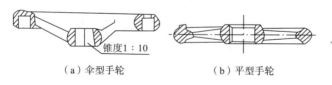

（a）伞型手轮 　　　　　　　　（b）平型手轮

图 8-1　手轮结构

（3）塑料手轮为圆盘形，无轮柄，方形孔中预埋金属套；美观轻便，但经不住撞击，不耐高温。塑料手轮直径小于 120mm，用于小口径阀门。油库基本没有采用这种阀门。

（二）手柄

手柄如一根杆杠，中间带有圆形并加工有锥形方孔或带键槽的圆孔，孔与阀杆连接，见图 8-2。手柄一般采用钢件，A3较为普遍，表面镀锌或发黑处理。主要用在截止阀、截流阀。

手柄长度600mm。

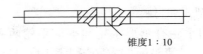

锥度1∶10

图8-2 手柄

（三）扳手

扳手适用于单手操作。用于球阀、旋塞阀，用可锻铸铁等材料制成。连接孔为方形孔，孔下端分平面和槽形方孔两种。槽形方孔是开关定位用的，配合精度H11，扳手长度120～150mm，见图8-3。

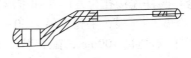

图8-3 扳手

（四）远距离手动工具

远距离手动工具由支柱、悬臂、连杆、伸缩器、万向节、换向件等部件组成。操作时，将施加于手轮上的力传递至远距离手动工具，实现远距离控制，达到开闭阀的目的。在油库中的半地下油罐、较深的阀门井将手轮移至地面的加长杆就属于远距离手动工具。

二、手轮断裂的修理

手轮在运输过程中容易受到撞击而损坏。铸铁手轮性脆易断，可采用焊接、粘接、铆接修复。

（一）焊接修理

焊接前将断裂处加工成V形坡口，若手轮为灰铸铁材料，可用自制的铸铁气焊条，熔剂为硼砂，采用弱还原火焰烧焊。焊接时把手轮放置呈水平状态，首先用焊枪在减应区加热，使温度升到红热状态（500℃以上），然后用焊枪吹掉断裂处氧化物，再进行焊接。焊完后，在减应区逐渐减温至300℃以下，停止加热自冷。也可用电弧焊补焊。

轮辐断裂烧焊的减应区在断裂处的轮缘上，如图8-4(a)所示；轮缘断裂烧焊的减应区在断裂处的轮辐上，如图8-4(b)所示。

断裂处焊接修复后，应在砂轮上将焊缝打磨光滑，并按规定涂漆。

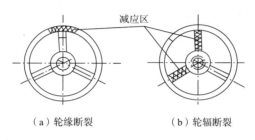

（a）轮缘断裂　　　　　（b）轮辐断裂

图8-4　手轮烧焊示意图

(二)粘接和铆接修理

手轮局部产生裂缝，可在裂缝中间钻孔攻丝，埋一只螺钉即可。为了增加强度，还可在裂缝部位再用环氧化树脂粘两层玻璃布。如图8-5中螺钉部位。

图8-5　手轮的粘接和铆接修理

手轮断裂后，可采用铆接工艺修理。在手轮断裂处的反面，用砂轮开一个槽，槽深2～5mm，将2～5mm的钢板嵌入槽中，再用铆钉或螺钉连接。修复后，打磨光滑。为了使铆接更加牢固，还可用铆接和粘接复合方法。

三、手轮和扳手孔连接的修理

手轮、手柄、扳手经过长时间使用后，螺孔、键槽会损坏，方形孔口变成喇叭形孔，影响正常使用，需要修理。

（一）键槽的修复

键槽损坏后，可用焊补的方法修复，将原有键槽烧焊平，用錾子清除表面氧化皮，最后用半圆锉修成与孔相同的圆弧；也可采用粘接方法修理，在原有键槽中，粘接燕尾铁，使其与孔成相同的圆弧。

键槽补修好后，按原规格在另一轮辐中心线位置加工新的键槽，见图8-6。新键槽与一般键槽加工要求相同。

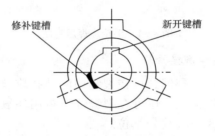

图8-6　键槽的修复

（二）螺孔的修复

螺孔损坏后，一般用镶入内套的方法修复。先将旧螺纹车除，单边车削量不少于5mm，然后加工套筒，其规格与螺孔规格相同，与手轮上的扩大孔配合。

套筒与手轮上扩大孔的连接形式，可用点焊、粘接、骑缝螺钉等方法固定。图8-7为骑缝螺钉固定法。

（三）方形孔的修复

方形孔、锥形方孔损坏后，利用方锉刀均匀锉削方孔的内面，加工新的方形孔、锥形方孔。然后用铁皮制成方形套，嵌

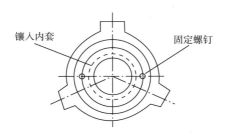

镶入内套　　　　固定螺钉

图 8-7　螺孔的修复

入孔中，用粘接法固定。如图 8-8 所示。

（a）锥方孔损坏　　（b）锥方孔套　　（c）锥方孔镶套

图 8-8　锥方孔的修复

修复后的方形孔与阀杆的配合间隙要均匀。修复后的锥形方孔与阀杆配合应紧密，其链度一致。为保证锥形方孔表面与阀杆接触面密合，不致松动，拧紧螺母后，锥形方孔底面与阀杆肩台应保持 5～3mm 的间距。

四、手轮和扳手的制作

手轮、手柄、扳手丢失或损坏严重，无法修复时可自制。

（一）手轮的制作

制作手轮的尺寸应与原手轮相同。根据手轮的尺寸选用小口径无缝钢管，将管内装满砂子，两端用堵头密封，再用氧气乙炔火焰加热，煨制成所需要的圆圈。煨制成圆圈后，在圆圈内侧根据原手轮的轮辐数均匀加工出轮辐用的孔，圆圈接口部位焊接，经校正即成为轮缘。

用碳钢棒车削成轮毂，其尺寸应与原轮毂相同。

用小口径管制成轮辐，插入轮缘内侧孔中，在平整的铁板上组焊成手轮，如图 8-9 所示。制成的手轮应清除毛刺、打磨，涂上规定的油漆。

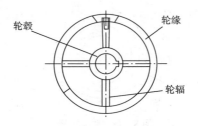

轮毂   轮缘

轮辐

图 8-9   手轮制作示意图

（二）扳手的制作

用圆钢切成圆柱体作为扳手头的毛坯，其高度与阀杆榫头高度一样。若扳手与阀杆需装配固定，圆柱体高度应比榫头高1~3mm。圆柱体上的方形孔可用插床加工，也可用锉刀加工，方孔与阀杆配合间隙约1mm左右。

用钢板制成扳手柄，其厚度为圆柱体高度的一半。扳手小头为外圆弧，大头为内圆弧，形成30°的角度，使内外圆弧和圆柱体相并，再组焊成形。焊后应整形和去毛刺。

第二节   支架修理

阀门的支架多为铸铁件。有两种形式，一种是阀门支架与阀门盖成为一体，一种是单独件支架与阀门盖连接。由于支架承受启闭力的作用，在使用过程中常会出现支架破裂，支架螺母座磨损，支架歪斜等缺陷，轻者使阀门开关不灵活，重者使阀门无法工作。

一、支架的调整

由于支架在使用中的变形及制造不良、装配不正等原因，使支架底面与阀杆螺母座的轴线不垂直，座孔轴线不逢中，阀杆产生位移,对填料产生单边压力,影响填料的密封。这种情况下需要对支架进行调整。支架的调整方法有加垫片法、锉削底面法、移位法、矫正支脚法、修正底座法等。

(一)加垫片法

加垫片法是在支架、阀杆歪斜方向的支架脚底垫上一定厚度的薄片,达到校正支架、阀杆歪斜目的的一种方法。

图8-10(a)所示,加垫片位置是右脚,图8-10(b)中是左边螺栓连接处。经过几次试验,可以找出加垫片的位置和厚度,达到校正的目的。每次试验应拧紧支架螺栓,以免造成校正的假象。

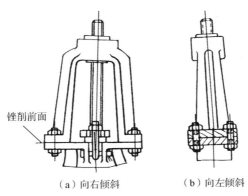

锉削前面

(a)向右倾斜　　　　　　(b)向左倾斜

图8-10　支架调整示意图

(二)锉削底面法

锉削底面法是在支架、阀杆歪斜反方向的支架脚底面锉削一定厚度来校正支架、阀杆歪斜的一种方法。这种方法是先用加垫片法找出锉削部位后,然后再锉削底面最高处,见图8-10(a)。锉削加工面应平整,且与支架整个底面一致。

(三)移位法

移位法是调整支架位置,使错位支架螺母座轴线与填料函轴线重合的一种方法。若支架螺栓孔过小无法调整,可将螺栓孔锉成长椭圆形来调整。

（四）矫正支脚法

用矫正支脚来校正支架歪斜的一种方法。这种方法适于钢件，不宜用于灰铸铁件。矫正后支架脚底面，若不平应用锉刀修整。

（五）修正底座法

用机械加工方法修正阀杆螺母座，使其轴线与填料函轴线重合的一种方法。这种方法适于支架和阀门为一体的结构。

二、支架的破损修复

铸铁支架性脆、强度低，容易产生裂纹或破损。其修理方法有焊接和粘接两种。

（一）焊接法

焊接铸铁支架时应选用铸铁焊条，选好"加热减应区"，对其加热，温度通常为600～700℃，最低温度不应低于450℃。为了加强焊接强度，应在支架内侧贴一块加强板，板厚为3～8mm，采用焊接或铆接固定，如图8-11(a)所示。

支架是用铸钢制作的，焊修时选用结422或者结506焊条。

（二）粘修法

如图8-11(b)所示。此种方法最适合铸铁支架。粘修前，在支架侧面加工一个凹槽面，深度为3～6mm，并加工与凹槽相配合的镶块；用稀盐酸或者稀硫酸涂在裂缝中，使裂缝间隙变大，清洗干净。如果支架的使用温度不高，可采用环氧树脂胶粘接。先将裂缝拨开，用胶浸透，然后在凹槽中粘贴上镶块，上好固定螺钉。最后，在上面涂刷胶浆，粘接玻璃布3～5层。

（三）支架的制作

支架破损严重，不能通过焊接或粘接修复时，可进行制作。其方法是用低碳钢、角钢和钢板加工、拼焊而成。如图8-12所示。

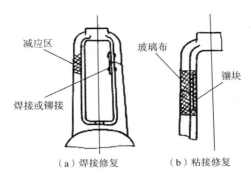

（a）焊接修复　　　　（b）粘接修复

图 8-11　支架破损修复示意图

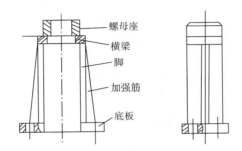

图 8-12　支架制作示意图

支架制作步骤是：

（1）用圆钢粗加工阀杆螺母座套。

（2）用钢板加工横梁，并粗加工孔。

（3）用钢板加工支架底板。

（4）用角钢或钢板加工支架脚和加强板。

（5）在焊接部位加工坡口，选用结 422 焊条焊接成形。为了防止变形，可在预制好的模架中组焊。焊接时，先点焊固定，再对称施焊。

（6）精车阀杆螺母座，在支架底板钻螺栓孔，刨平底板座面。

制作的支架应符合技术要求，螺母座轴线垂直底面，应无裂纹等缺陷。

三、连接处的修理

阀门体与阀门盖的连接,与管道的连接,称为连接处。其连接方式有法兰连接、螺纹连接、卡套连接、卡箍连接、对夹连接、焊接连接等。在油库中主要是法兰、螺纹、焊接连接,卡套连接、卡箍连接、对夹连接的方法极少。这里主要介绍法兰、螺纹、焊接连接的修理。

(一)法兰破损的修理

在阀门上,阀门体与阀门盖连接的法兰称为中法兰,两端与管道连接的法兰称为端法兰。法兰破损一般都是发生在螺栓、螺纹孔部位。这种损坏灰铸铁阀门最为常见。

法兰破损其修理方法有加强板焊接修复、加强板粘接修复、堆焊修复等。

(1)法兰局部裂纹加强板焊接修复,见图8-13。

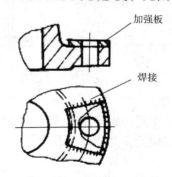

图8-13　加强板焊接修复示意图

(2)加强板局部裂纹粘接修复,见图8-14。

(3)法兰局部裂纹堆焊修复,见图8-15。

法兰"缺块"常发生于铸铁法兰,用堆焊修补时,应根据铸铁焊接的工艺要求,选择焊条,并采取一定的工艺措施。

(二)法兰螺孔损坏的修理

螺纹孔的损坏一般是丝扣的损坏,其修理方法如下:

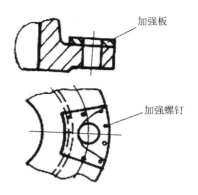

图 8-14　加强板粘接修复示意图

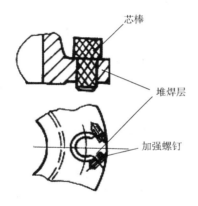

图 8-15　堆焊修复示意图

1. 塞焊修复法

采用堆焊方法把螺纹孔堵塞，重新钻孔攻丝。螺纹孔径较大时，先嵌入塞块，然后进行堆焊。堆焊堵塞修复螺纹孔的方法，一般用于低碳钢法兰。对于中碳钢或铸铁法兰螺孔的修复，宜用镶套修复法。

2. 镶套修复法

先将原螺纹孔直径扩大，制作一个钢套镶入，再将两头焊牢，然后钻底孔、攻丝，见图 8-16。

3. 螺丝套粘接修复法

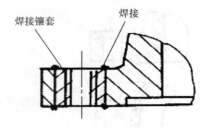

图 8-16　镶套修复螺纹孔示意图

　　将原螺纹孔直径扩大作为底孔，扩大的尺寸为本螺距的 3 倍，用丝锥攻丝，配与原螺栓孔相同的螺丝套（内、外螺纹），在外螺纹上涂刷胶黏剂，拧在法兰螺纹内，见图 8-17。

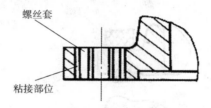

图 8-17　螺丝套粘接修复螺纹孔示意图

4. 扩孔修复法

　　把损坏的法兰螺丝孔直径扩大成新螺丝孔，配制异径双头螺栓，一头螺丝与新螺孔同径，另一头与原螺丝一样，见图 8-18。扩孔修复时，必须在法兰强度允许的情况下采用。

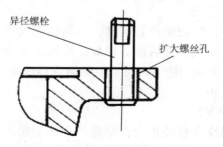

图 8-18　扩孔修复螺纹孔示意图

（三）法兰的更换

法兰裂纹、掉块、破损严重或其他形式的损坏，不能采用局部修补的方法修复时，应更换法兰，其更换方法见图8-19。

更换法兰时，新法兰的制作必须根据标准尺寸加工，其材料应与原法兰材料一致。若无标准法兰尺寸或更换为异形法兰时，可根据原法兰尺寸加工。

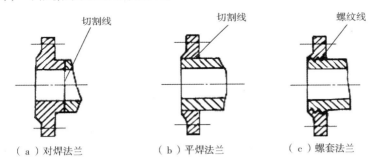

（a）对焊法兰　　　（b）平焊法兰　　　（c）螺套法兰

图8-19　法兰更换的连接示意图

（1）图8-19（a）是对焊法兰更换方法。制作一只新法兰，新法兰的尺寸、材料应符合原设计要求。焊接时要有专门夹具，应严格按规范进行施焊。先四点焊固定，检查新法兰位置正确后，即可正式施焊。焊前应预热，焊后应缓慢冷却，焊道平缓齐整，无焊接缺陷，强度试验合格。也可采用先粗车法兰，定位焊牢后，再精车。这样可避免上述复杂的定位方法。此种方法，适用于可焊性好的阀门。

（2）图8-19（b）是平焊法兰更换方法。在车床上切除法兰，加工一只规格、材料与原法兰相同的法兰，套在更换部位上，并且对齐，按焊接规范焊牢。此种方法，适用于可焊性好的阀门。

（3）图8-19（c）是螺丝套法兰更换方法。把损坏的法兰，夹在车床上校正，切除法兰，留下静密封面，并加工螺纹与预制的螺丝套法兰相配，按常规粘接法，将螺丝套法兰粘牢。此种方法，适用于可焊性较差的阀门。

（四）螺纹连接处的修复

阀门体与阀门盖，以及阀门体与管道的螺纹连接，由于严重腐蚀、乱扣、胀破，使阀门报废。图 8-20 是螺纹连接处的修理方法。

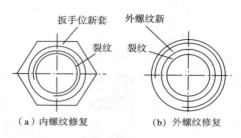

（a）内螺纹修复   （b）外螺纹修复

图 8-20　螺纹连接处修复示意图

（1）内螺纹裂纹的修理，见图 8-20（a）。车除连接处扳手位，钻止裂孔，配上钢制板手位新套，与本体粘接在一起。若需增加其强度，可适当加大板手位的尺寸。

（2）外螺纹损坏的修理，见图 8-20（b）。车除外螺纹，配上钢制外螺丝纹新套，与本体粘接一起即可。

（五）焊接连接处的修复

阀门体与管道连接，有焊接和承插焊两种形式。主要用在高温、高压工况条件下，这种形式密封可靠，但拆卸困难。

（1）焊接连接处的修复。焊接连接处在修复前先进行退火处理，然后按原坡口形状车制。若不便车制，可采用气割、电弧气刨、錾切、锉削修复坡口。

（2）承插焊连接处的修理。拆卸承插焊接配管时，可用车削和锉削方法。锯割时，锯条斜靠在阀门体进出口端面与焊道上，沿圆周锯出一圈浅沟，然后锯条放正，贴着端面作圆弧运动，沿圆周切断焊缝，不能过多锯伤配管，以免拆卸时配管断在阀门体内。拆卸配管可在钳台上进行，用管钳拧下配管。最后用锉刀或砂轮修整进出口，清除焊肉，无缺陷为好。

拆卸配管时应注意：内螺纹连接的阀门是否被焊死；一般

承插焊阀门为钢阀门，无扳手位；一般内螺纹阀门为铸铁阀门，有扳手位；内螺纹一般为右旋，反时针方向可拧出配管。

第三节　阀杆修理

阀杆是阀门的主要零件之一。它与传动装置、阀杆螺母、启闭件，以及填料相连接，并与介质直接接触。阀杆承受传动装置的扭矩，填料的摩擦，启闭件关闭力的冲击，以及介质的腐蚀。它不仅是受力件、密封件，也是易损件。

一、阀杆与连接件的连接形式

（一）阀杆与阀杆螺母的连接形式

阀杆与阀杆螺母的连接结构形式很多。阀杆螺母分为固定式阀杆螺母和旋转式阀杆螺母两大类。由于阀杆螺母固定位置的变化，也引起了阀杆螺母外形结构的变化和阀杆有关位置的变化。因此，阀杆的运动分为旋转又往复、旋转不往复、往复不旋转三种形式。

（二）阀杆与启闭件的连接形式

阀杆与阀瓣、闸板、球体、蝶板等启闭件的连接结构形式很多。与阀瓣、闸板常用的连接结构形式有整体、T 形槽、螺纹、螺套、对开环、钢丝圈、辗接、滚珠、榫槽顶压等形式，并加止退垫圈、螺钉、销（键）等紧固件防止松脱。不同的阀门类型，连接结构也有所不同，但一定要求连接可靠，能自动调整受力点，满足便于装拆、加工和维修的要求。

二、阀杆修理或更换的原则

阀杆损坏后需要修理或更换时，可根据下列基本原则进行。

（1）阀杆密封面粗糙度低于原设计一级或在 $\overset{0.8}{\bigtriangledown}$ 以下者，应进行密封面粗糙度修复。

（2）阀杆的弯曲度在3‰以上者，应进行矫直修理。

（3）阀杆的光杆部位的直径应该一致，相对等性公差超过原设计公差的50%者，应进行修理。

（4）阀杆螺纹（T形螺纹）局部磨损，或粗糙度高于 $\frac{2.5}{\sqrt{}}$ 时，应进行修复。修复后的螺纹厚度（中径的名义厚度）减薄量不得大于表8-1中的数值。

表8-1　阀杆螺纹厚度减薄量　　　　　mm

螺距	螺纹公称直径	螺纹厚度减薄量
2	10～28	0.35
3	10～14	0.45
	30～60	0.50
4	16～20	0.60
	65～82	0.65
5	22～28	0.75
	85～110	0.80
6	30～42	0.85

（5）在修理经过氮化、电镀、刷镀和表面淬火的阀杆时，要考虑保持阀杆的表面硬度和一定的硬度层。经过磨削修理后，其减少尺寸，直径一般不得减少原设计的1/20，并且满足与填料配合要求，保证密封性能。

（6）阀杆的键槽损坏后，一般可以将键槽适当加大，最大可按标准尺寸增加一级。如阀杆强度许可时，可在适当位置另外加工键槽。

三、阀杆的矫直

阀杆容易产生弯曲，弯曲的阀杆使阀门在开启和关闭时传动力受阻，造成填料处泄漏，如不及时进行矫直修复，还会损坏其他零件。

阀杆弯曲变形的矫直方法有静压矫直、冷作矫直和加热矫直三种。

（一）静压矫直

（1）阀杆静压矫直。阀杆的静压矫直，应在矫直平台上进行。矫直平台由平板、V形块、压力螺杆、压头、千分表等组成。阀杆矫直前，应用千分表找出其弯曲状况，并作上标记和记录，确定矫直方案。

阀杆矫直时，用V形块支撑，使弯曲的凸面向上，压头压住凸面，压力螺杆加力使凸面向下变形。静压一定时间后，用千分表校核。如此重复进行，直至将阀杆矫直为止，见图8-21。

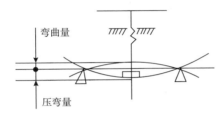

图8-21　静压矫直示意图

因为阀杆一般都进行了调质和表面淬火处理，它具有一定的刚度和硬度，因此在静压时，压弯量要大于原阀杆的弯曲变形量。凡是经过热处理的阀杆，其静压变形量一般为原弯曲变形量的8~15倍。

为了防止矫直的阀杆"回潮"，一是在矫直阀杆原弯曲处反方向有意压弯0.02~0.03mm，随时间推迟而慢慢地消失；二是将矫直的阀杆置于200℃温度下，保温5h，消除其残余内应力。

（2）阀杆局部弯曲矫直。局部弯曲矫直可在台虎钳上进行，也可在摩擦压力机上进行。阀杆上部螺纹处弯曲矫直，见图8-22。先在螺纹端旋上螺母，夹在虎钳上，将阀杆向弯曲的相反方向加力矫直，再把阀杆旋转一周，重复上述操作。这样矫直几次，即可将阀杆上部的螺纹矫直。

（3）阀杆光杆局部弯曲的矫直，见图8-23。其操作方法是：用两块低碳钢厚钢板夹在一起，在两块板的接缝处钻孔，孔径

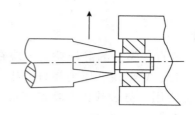

图 8-22　螺纹端矫直示意图

稍大于阀杆直径，制作成一对夹板。把阀杆的弯曲部分放在夹板中，夹在虎钳上（或放在压力机上），慢慢地夹紧虎钳，即可将阀杆端部矫直。对弯曲较厉害，直径较粗的阀杆，最好先用火焰加热，使其软化后，再进行矫直。

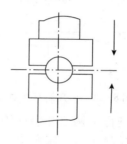

图 8-23　光杆矫直示意图

（二）冷作矫直

冷作矫直是用专用工具（圆弧工具）敲击阀杆弯曲的凹侧面，使其产生塑性变形，弯曲的阀杆在变形层的应力作用下矫直，见图 8-24。

冷作矫直方法简便，不影响材料的性能，矫直精度容易控制，稳定性好。但冷作矫直的弯曲量不大，一般不超过 0.5mm，只用于局部矫直。

（三）加热矫直

加热矫直的原理是在轴类零件弯曲的最高点加热，由于加热区受热膨胀，使轴两端向下弯曲（更增加了弯曲度），当轴冷

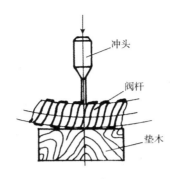

图 8-24 阀杆冷作矫直示意图

却时，加热区就产生较大的收缩应力，使零件两端往上挠，而且超过了加热区的弯曲度，这个超过部分也就是矫直的部分。矫直的一般操作原理，见图 8-25。

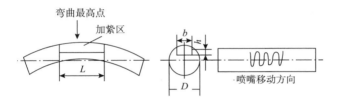

图 8-25 阀杆加热矫直操作原则图

热矫直的要点是：

（1）利用车床或 V 形铁，找出弯曲零件的最高点，确定加热区。

（2）加热可采用氧气乙炔火焰喷嘴，其喷嘴的型号、规格应根据阀杆直径的大小合理选择。

（3）加热温度一般为 200～600℃。用氧气乙炔中心火焰快速加热，其温度可达到 500℃。

（4）加热区的形状有条状、蛇形状和圆点状三种。条状常用于阀杆弯曲变形较均匀者，蛇形状用于变形严重，需要较大面积的加热区，对于精加工后的小阀杆的弯曲用圆点状加热区。

（5）阀杆加热区的尺寸对矫直量有一定影响，一般加热区宽

度接近阀杆的直径，其长度为阀杆直径的 2 ~ 2.5 倍，加热深度
为阀杆直径的1/3。阀杆的热矫直方法，见图 8-26。

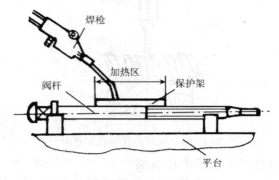

图 8-26　阀杆加热矫直示意图

必须指出的是，若阀杆的弯曲量较大时，可分数次加热矫
直，不可一次加热过长，以免烧焦工件表面。尤其是经过镀铬
的阀杆，加热矫直要持慎重态度，要防止镀铬层脱落。热处理
过的阀杆，加热温度不宜超过 500 ~ 550℃。同时热矫直的关键
在于弯曲的位置及方向必须正确，加热的火焰也要和弯曲的方
向一致，否则会出现扭曲或更多的弯曲。

四、阀杆密封面研磨

阀杆的密封面通常有两个部位，一个是与填料相接触的圆
柱作密封面，即阀杆的光杆部分，另一个是与阀门盖接触的锥
面部位，夹角一般为90°，通常称为倒密封或上密封。圆柱密封
面与填料接触，容易发生电化学腐蚀，产生斑点凹坑；上密封
与介质接触也容易腐蚀，再加之上密封不大受重视，因而相当
一部性能不佳。阀杆密封面通常用研磨方法修复。

（一）平板研磨

用油石、平板夹砂布或涂敷研磨膏，对旋转的阀杆密封面
进行研磨的方法称为平板研磨，见图 8-27。平板研磨是用平面
研磨工具压在旋转阀杆的密封面上，不断地前后左右均匀地移

动平面研磨工具，从而达到研磨的目的。

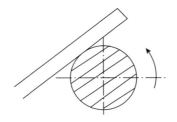

图 8-27　平板研磨示意图

（二）环形研磨

用环形研磨工具套在旋转的阀杆上，涂敷研磨膏研磨方法称为环形研磨，见图 8-28。环形研磨是将环形研磨工具套在阀杆密封面上，将阀杆夹在车床或研磨机上，并均匀地涂上研磨膏，调节好环形研磨具的松紧度，用手握住环形研磨工具，在旋转的阀杆密封面上，作均匀往复运动，直到研磨合格为止。

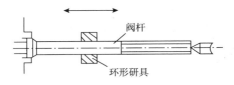

图 8-28　环形研磨

（三）砂布研磨

用砂布沿圆周均匀研磨阀杆密封面的方法称为砂布研磨，见图 8-29。如果阀杆密封面腐蚀和磨损不大，可将阀杆夹在虎钳上，用硬木或紫铜板作护板。然后，将砂布撕成长条，包在阀杆上，上下来回地拉动砂布，砂布上下一次后，操作者按顺序调换一个角度，重复上述动作，直至研磨一周后，检查研磨质量，直到满意为止。

（四）磨床磨削

将需要修理的阀杆夹在磨床上，用砂轮磨削的方法称为磨

图 8-29　砂布研磨示意图

床研磨。其方法与环形研磨相似。

（五）锥环的研磨

用内锥环套研磨工具在阀杆倒密封面上研磨的方法为锥环研磨，见图 8-30。内锥环夹角应与倒密封面夹角一致。将阀杆夹在夹具上，把内锥环套研磨工具套在阀杆上，在上密封面上均匀涂上研磨膏，手持研磨工具作圆周运动。同样，也可夹在车床上，将研磨工具压在旋转的上密封面上进行研磨。上密封还可采用刮研、互研的方法修复。

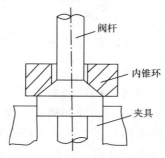

图 8-30　环锥研磨示意图

（六）阀杆密封面表面处理

表面处理工艺有镀铬、氮化、淬火等。阀杆密封面经研磨后，缺陷虽然削除，但阀杆密封防腐性能和机械性能却下降了，这一点往往极易疏忽。经过研磨后的阀杆可视情况进行表面处理。

五、阀杆螺纹修理

阀杆的螺纹有梯形螺纹和普通螺纹两种。梯形螺纹和普通螺纹的损坏形式有腐蚀、砸扁、折断、并圈、乱扣、螺纹配合过紧等。

（一）梯形内螺纹的修整

（1）梯形内螺纹上混入磨粒、润滑不良，容易磨损螺纹，会造成阀门启闭困难。这时应拆下阀杆，用煤油清洗阀杆螺母，无法洗掉的磨粒和污物，可用铜丝刷清除，对拉毛部位用细砂布（纸）打磨光滑为止。如果螺纹内不容易用砂布打磨，可在螺纹上涂上研磨膏，用同一规格的梯形螺杆互相研磨，消除梯形内螺纹上拉毛缺陷。

（2）梯形内螺纹并圈或乱扣，主要是阀杆开启过头引起的，严重的可使螺纹脱落。可用小錾子将螺纹头上并圈、脱落螺纹錾除，用小锉刀修整成形，见图8-31。梯形螺纹修整的好坏，可用着色法检查。修后的螺口还难以拧进阀杆时，可将阀杆从另一头螺口拧进，通过修整即可消除上述现象。

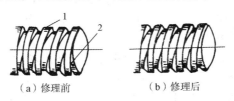
（a）修理前　　　　　　　（b）修理后

图8-31　阀杆梯形螺纹的修理
1—凹陷；2—并圈

（3）梯形内螺纹与阀杆配合过紧。首先要找出过紧的原因。如果是装配不当，应进行调整。确认是因制造间隙过小，可用研磨的方法解决，其方法是螺纹上涂上一层研磨膏，旋入阀杆，转动阀杆或阀杆螺母进行互相研磨，直至手感不吃力为止。

（二）阀杆上部普通螺纹修理

对于阀杆上部普通螺纹的损坏，修复方法有四种，见图8-32。

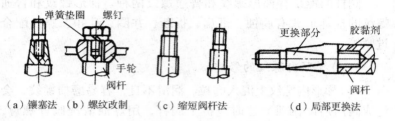

（a）镶塞法　（b）螺纹改制　　（c）缩短阀杆法　　　（d）局部更换法

图8-32　阀杆上部螺纹修理示意图

1. 镶塞法

将损坏的螺纹车削掉，在方榫端面的缝中钻孔攻丝，将制作好的螺塞与阀杆组合，并用胶黏剂粘牢，见图8-32（a）。

2. 螺纹改制

将损坏的螺纹车削掉，在方榫端面的中心钻孔攻丝，配上螺钉，并在螺钉与下轮之间套入弹簧垫圈，见图8-32（b）。

3. 缩短阀杆法

螺纹严重损坏或折断，在不影响阀门的启闭行程的情况下，可将阀杆适当缩短，重新加工方榫和螺纹，见图8-32（c）。

4. 阀杆连接处局部更换

将连接处除掉，在阀杆的端面中心钻孔攻丝，配制一根特制的杆，用胶黏剂粘接，待固化后，车制成形。然后攻丝，加工方榫。这样修复的阀杆如同新阀杆一样，见图8-32（d）。

六、键槽的修理

键槽连接结构是阀杆、阀杆螺母和转动装置中常见的一种连接形式，它承受较大的关闭扭矩，如果装配和使用不当，键槽容易损坏。

键槽修复有粘接、烧焊、扩宽及调换位置重新加工键槽等方法。其修理方法见图8-33。

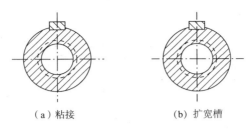

(a) 粘接　　　　　　　　(b) 扩宽槽

图 8-33　键槽的修理方法

（一）粘接

损坏的键槽用粘接法修复较为方便。用溶剂清洗键槽，将槽内涂上一层选好的胶黏剂，然后把键嵌入槽中，待固化后即可。对槽边损坏严重的槽，可用与阀杆螺母相同的金属粉末掺合在胶黏剂中，调和均匀，用竹板填入缝隙中，直到填平缝隙为止。

（二）扩宽槽

扩宽槽修复方法是把损坏的键槽扩到一定的宽度，消除损坏的部分，然后做一个特制的键，键为下宽上窄凸形，键的下部与扩宽键槽相配合，上部分与原键尺寸一样。

键槽损坏严重不便修复时，可调换到 90°的角度位置上，重新加工新键槽。

七、阀杆头部修理

所谓阀杆头部是指阀杆端的球面、顶尖、顶楔、连接槽等与关闭件连接的部位。这些部位由于受力大，又与介质接触，容易磨损和腐蚀。

（一）挫削修复

阀杆头部的球面或顶尖的损坏时，可先用锉刀锉削，然后再用砂布打磨，见图 8-34。

修理后的球面应圆滑，其粗糙度不应高于规定数值。

（二）堆焊修复

阀杆头部或阀杆凸台磨损或损坏时，可采用堆焊的方法修

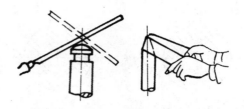

图 8-34 锉削修复示意图

复，见图 8-35。堆焊时，可用手工电弧堆焊，也可采用氧焊堆焊。由于阀杆头部应具有耐磨和耐腐蚀的要求，其堆焊材料应具有耐蚀性和一定的硬度。一般可用 2Cr13 焊条或焊丝。对于高温、高压阀门可堆焊硬质合金。堆焊后，再根据阀杆头部几何尺寸加工成形。

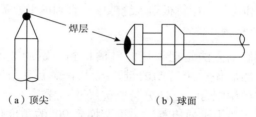

（a）顶尖   （b）球面

图 8-35 阀杆头部堆焊修复示意图

（三）镶圈修复

对中压、低压阀门的阀杆，当阀杆凸台损坏后，采用镶圈的方法修复很简便，镶圈时，先将阀杆上的损坏部位车削掉，留有一定高的凸台，用以加工螺纹进行组合（细牙螺纹）。按图 8-36 所示结构加工镶圈。

组合时，用螺钉固定，也可用胶黏剂固定。对于焊接式镶圈组合，采用焊接方法把镶圈固定在阀杆上，见图 8-37。

（四）头部镶塞修复

头部镶塞修复方法，如图 8-38 所示。修理时，先将阀杆头部损坏部位车削掉，再按阀杆头部尺寸要求加工镶塞，与阀杆螺纹连接组合，用粘接或点焊方法固定。

· 154 ·

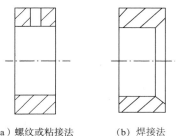

（a）螺纹或粘接法　　　　（b）焊接法

图 8-36　镶圈修复示意图

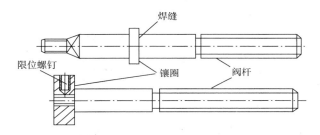

图 8-37　镶圈组合修复示意图

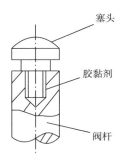

图 8-38　头部镶塞修复示意图

（五）阀杆连接槽修复

阀杆连接槽分为矩形、圆弧形等。矩形一般是与闸板连接，圆弧形一般是与截止阀阀瓣连接。阀杆通过连接槽和关闭件连接，由于连接槽制作不精、装配不当，使连接槽过小或过大，都会影响阀门正常关闭。有的连接槽，因顶心磨损，槽上部与关闭件接触，造成顶心悬空，影响正常的关闭。图8-39(a)是错误连接，图8-39(b)是正确连接。错误连接主要是阀杆头部悬空，这种连接关闭时，阀杆传递力不能正确地加在关闭件上，影响阀门关闭的可靠性。其修理方法是将连接槽上部用锉刀锉削1~3mm。修复装配时，使阀杆头部球面能落在关闭件的槽上，且阀杆能自由摇动或转动，阀杆连接槽上部应留有1~2mm。

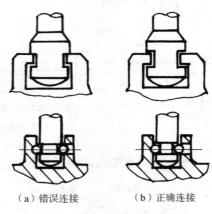

(a)错误连接　　　　　(b)正确连接

图8-39　阀杆和关闭件的连接

截止阀阀杆与阀瓣是用卡环连接的。由于阀杆连接槽腐蚀、磨损，使阀杆与阀瓣连接不牢，甚至脱落。其修理方法是将阀杆和阀瓣连接槽同时扩大，重新配置卡环即可。连接槽损坏严重的，可采用缩切阀杆，或者镶塞的方法局部更换，参照图8-37。

第四节　阀门体和阀门盖的修补

阀门体和阀门盖是阀门的主体零件。金属阀门分为锻造和铸造两类，锻造阀门一般在公称直径80mm以下，较大公称直径阀门多采用铸造。阀门和阀门盖承受介质的压力，温度和腐蚀，加之铸铁性脆、铸造中的缺陷，容易出现泄漏和破损现象。

一、本体微孔渗漏的修补

油库使用的阀门主要是铸钢和铸铁阀门。由于铸造中容易产生夹碴，气孔和松散组织，在介质腐蚀和压力冲刷下，就会出现冒汗或泄漏现象。在修补这些缺陷时，要首先弄清阀门冒汗或泄漏的部位，采用相应的措施修补。

（一）孔洞的形式

本体中产生的孔洞形式有直孔、斜孔、弯孔和组织松散等四种形式，如图 8-40 所示。

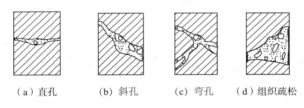

（a）直孔　　（b）斜孔　　（c）弯孔　　（d）组织疏松

图 8-40　微孔泄漏剖面放大示意图

（二）渗透胶补法

对于局部小孔的泄漏，采用渗透胶黏剂修补是最常用的方法。渗透剂可采用有机渗透剂和无机渗透剂。

有机渗透剂耐介质性能好，但耐温性能比无机渗透剂差，仅适用于温度≤150℃，工作压力≤4MPa 的中、低压阀门。

AIS-10 型厌氧渗透剂具有黏度小，渗透力强，固化时收缩率小，可常温固化等特点。它是以丙烯酸酯类为主体，添加引发剂、促进剂、表面活性剂及阻聚剂等成分而组成。具有耐溶剂、耐油、耐水、耐湿热等优良性能。适用于孔洞不大于 0.3mm 的铁、铝、铜及其合金件的密封。

AIS-10 型厌氧渗透剂渗透工艺过程是：用金属清洗剂或碱液将缺陷处清洗干净并干燥，抽尽空气后把渗透剂注入真空釜中约 5min，取出工件放置 5min，用清水或带有清洗剂的溶液冲洗，再用含促进渗透的水溶液处理 5min 后取出，放入室温固化。24h 以后，方可试压。

无机渗透剂耐温性能好，能耐 600℃ 的高温，但耐水质性能较差，适用于空气、油品类等介质。

近几年来，采用的循环堵漏工艺，对低、中压阀门的渗漏修复很有实际意义。其主要配方是水玻璃、金属氧化物粉末及含胶有机物等。这种浸透液按 1:3 ~ 1:4 的比例配水。其颜色呈棕红色。这种浸透工艺，对铸铁件非常适用。可以局部渗透，也可以整体渗透。其基本工艺是：

（1）首先对零件进行表面清洗，尤其对缺陷部位要严格清洗。清洗剂可用苛性钠，磷酸三钠等。清洗后应晾干，方可正式渗透粘补处理。

（2）将零件(阀门体或阀门盖)放入容器内，注入 70 ~ 80℃ 的渗透剂溶液，将零件淹没，并将容器密闭加压，压力应大于 0.5MPa，使渗透剂冲击转动。加压介质可以是渗透液本身，也可以是气体。

（3）5 ~ 10min 后，将零件取出，擦净非缺陷处，然后在室温下晾干，晾干时间一般为 1 ~ 4d，使渗透液固化。

（4）如果零件仅有局部明显的小孔，则可用注射器将渗透液直接注入小孔，再用空气加压渗透，这样可以简化操作，效果也很好。

二、本体小孔的螺钉修补

阀门体或阀门盖上缺陷较大，而孔型基本上为直孔时，可用钻头钻除缺陷，再用螺钉或销钉将孔洞堵塞，然后进行铆接、粘接或焊接，见图 8-41。

三、本体破损的焊修

焊接修补是阀门常用的一种修复方法。

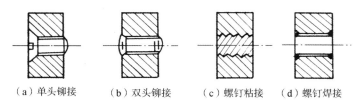

（a）单头铆接　　（b）双头铆接　　（c）螺钉粘接　　（d）螺钉焊接

图 8-41　螺钉修补法示意图

（一）铸铁件焊修

阀门的破损主要出现在铸铁阀门上。铸铁性脆、可焊性差，给阀门修复带来一定困难。因此，在铸铁件上进行焊修时，应严格遵守操作规程，按照技术要求施焊，才能保证焊接修复质量。

（1）补焊方法及工艺规范。铸铁常用补焊方法及工艺特点见表 8-2。铸铁电焊条选用见表 8-3。目前有一种自制的奥氏体钢铁焊条焊补铸铁件，效果很好。其制备方法是将镍铬丝穿在紫铜管内，紫铜管外敷药皮，用电炉烘干而成，见表 8-4。铸铁补焊电流规范参考表 8-5。

表 8-2　铸铁常用补焊方法及工艺特点

焊补方法	分类	工艺特点
气焊	热焊法	焊前预热 600～650℃，呈暗红色，快速施焊。采用铸铁填充材料，焊后加热 650～700℃，保温缓冷。焊件应力小，不易裂纹，焊后可加工，硬度、强度与母材基本相同。但焊件壁较厚时，难以焊透
	冷焊法	又叫不预热气焊法。工件焊前不需预热，用焊炬烘烤被焊工件坡口周围或加热"感应区"。焊接过程中应注意加热"感应区"的温度，一般为 600～700℃，焊后缓冷。采用高硅量的气焊丝，焊后不易产生裂纹，加工性能较好。但若加热"感应区"选择不当或温度不当，会有较大的残余应力存在
钎焊		用气焊火焰加热，一般用黄铜丝做钎料，焊后可加工，但强度较低，耐温性能也较差；主要优点是不易产生裂纹，焊接几何质量较好。常用于载荷强度不高或应力较大的铸件的补焊

焊补方法	分类	工艺特点
电弧焊	热焊法	焊前将零件预热至 600~650℃，快速施焊，焊后缓冷。适用于小型铸件热焊或者大型铸件的局部预热焊
	半热焊法	焊前整体或局部预热 300~400℃，快速施焊，焊后缓冷，创造"石墨化"条件，适于铸 208 等焊条。对于应力较小处可采用电弧切割坡口，使局部造成预热条件，并借焊接过程中的热量促进"石墨化"作用
	冷焊法	即常温焊接。工件无需预热，这种方法应用较广泛。多采用非铸铁组织的焊条，严格执行"短弧、断续、小规范"的要求。多用于球墨铸铁的阀门体和阀门盖的焊补
	速冷焊法	在坡口周围预先敷盖湿布或湿泥团，每段焊完后立即用冷空气或石蜡、冷水冷却焊缝，以吸收焊缝热量，减少受热面积，采用回火焊道减少热裂纹。适于非加工面的施焊

表 8-3　铸铁焊条的特性与用途

焊条名称	统一牌号	符合国标准	焊芯成分	药皮类型	焊缝金属	电源种类	用途
氧化型钢芯铸铁焊条	铸100	TZG-1	碳钢	氧化型	碳钢	交、直流	用于焊后不需要加工的一般灰铸铁
高钒铸铁焊条	铸116	TZG-3	碳钢或高钒钢	低氢型（高钒药皮）	碳钢或高钒钢	直流（反接）或交流	用于强度较高的灰铸铁（否则焊缝易剥离）、球墨铸铁、可锻铸铁
	铸117	TZG-3				直流	
钢芯球墨铸铁焊条	铸238		碳钢	石墨型	球墨铸铁+碳钢	交、直流	球墨铸铁件补焊。球墨铸铁预热500℃焊后热处理
铸铁芯铸铁焊条	铸248		灰铸铁	石墨型	灰铸铁	交、直流	厚壁铸铁件补焊
钢芯墨化型铸铁焊条	铸208		碳钢	石墨型	灰铸铁	交、直流	一般灰铸铁，需预热至 400℃，刚度较小的零件可不预热

焊条名称	统一牌号	符合国标准	焊芯成分	药皮类型	焊缝金属	电源种类	用　途
纯镍铸铁焊条	铸308	TZNi	纯镍	石墨型	纯镍	交、直流	用于重要的灰铸铁件，压力较高的重要铸件，焊后加工性能好
镍铁铸铁焊条	铸408	TZNiFe	镍铁合金	石墨型	镍铁合金	直流（直接）或交流	用于强度较高的灰铸铁和球墨铸铁。加工，但熔合区稍硬
镍铜（蒙耐尔）铸铁焊条	铸508	TZNiCu	镍铜合金	石墨型	镍铜合金	直流（正接）或交流	用于灰铸铁，抗裂性好，加工性较好，但强度较低
铜铁铸铁焊条	铸607	TXCuFe	紫铜	低氢型	铜铁合金	直流（反接）	用于一般铸铁件，加工性能差，而塑性好，抗热应力裂纹性好，但强度较低
铜铁铸铁焊条	铸616	TZCuFe	铜芯铁皮或铜包铁芯	低氢型或钛钙型	铜铁合金	交、直流	灰铸铁，抗裂性与加工性尚可，强度低

表8-4　自制奥氏体铜铁铸铁焊条　　　mm

紫铜管① 外径	内径	铜丝牌号	钢丝直径	焊条长度	药皮外径	主要用途
4	2	0Cr18Ni9	1.6	250±3	5.5~5.8	用于壁厚8mm以上，要求焊缝强度较高，加工性要求不高的断裂焊接修复
3	2	Cr15Ni60	1.5	250±3	4.3~4.5	用于有加工要求，受力较大或有密封压力要求，壁厚在5mm以上的断裂或有凹坑缺陷的焊接修复
3	2	Cr20Ni80	1.8	250±3	4.3~4.5	用于有较高机械加工性，受力要求不大的断裂修复

紫铜管[①]		铜丝牌号	钢丝直径	焊条长度	药皮外径	主要用途
外径	内径					
2	1	0Cr18Ni9	0.8	160±2	3.0~3.2	用于壁厚小于 4mm，有 0.2~0.3MPa 密封压力要求，加工要求不高的断裂修复

注：①药皮(涂料)配方：大理石 40%，萤石 25%，石英 17%，锰铁(高碳)5%，硅铁(含 45%)3%，钛铁 10%，外加黏土 1%，水玻璃(钠水玻璃或钾钠混合水玻璃)甲级，模数 2.6~3.0，密度 1.38~1.4g/cm³。
②紫铜管材 T_2 或 T_3。

表8-5 铸铁件补焊电流范围参考

坡口类型	焊缝形式	焊件厚度或坡口深度/mm	焊条直径 DN/mm	焊接电流/A
单面坡口		2	2	55~60
		2.5~3.5	3.2	80~100
		4~5	3.2	90~120
			4	130~150
			5	140~180
		5~6	4	140~160
双面坡口		6~12	4	160~180
		12	4	160~200
单面坡口		2	2	55~60
		3	3.2	80~100
		4	3.2	90~110
			4	130~160
		5~6	4	150~180
			5	150~200
		7	4	150~180
			4	160~200

注：表中数据仅供参考。手工电弧焊时，焊接工艺参数应根据具体的工作条件及操作人员技术熟练程度合理选用。

（2）止裂孔、坡口的形式及尺寸，见图 8-42 和图 8-43 及表 8-6 和表 8-7。

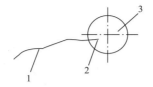

图 8-42　止裂孔的位置

1—裂纹；2—裂纹终点；3—止裂孔（通孔）

表 8-6　止裂孔的孔径尺寸　　　　　　　　　　　　mm

壁厚尺寸	止裂孔直径
4~8	3~4
8~15	4~6
15~25	6~8
25 以上	8~10

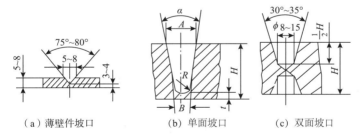

（a）薄壁件坡口　　　　（b）单面坡口　　　　（c）双面坡口

图 8-43　坡口的形状

表 8-7　坡口的尺寸　　　　　　　　　　　　　　mm

H	B	A	a	R	t
15~40	10	15~20	16~18	5~8	完全除掉裂纹厚度
40~80	15	30~50	28~30	8~12	

（3）防止裂纹的措施。焊接修复时应防止产生新的裂纹，其措施是：

①铸铁补焊时应尽量选用小电流、细焊条、短弧焊。焊接速度不宜太慢，避免过大的摆动，减小温度扩散。

②短焊道、间隔焊。根据被焊母材的厚度，按 10～30mm 为一段，工件越薄则焊道应越短，分散在不同处起焊，以避免应力叠加。

③采用加热减应法。所谓加热减应法就是在焊前与焊接过程中，用火焰加热铸铁零件的适当部位，该部位受热变形，使焊接处预先产生向外的应力。经焊后，该部位冷却，预加在焊缝处的应力消失，从而减小了焊接应力，避免裂纹。加热的部位叫做加热减应区，其温度一般为 600～700℃。加热减应区的选择很重要，需了解零件热胀冷缩规律，掌握应力分布情况。加热减应区一般应选在焊道收缩时而受力的相邻、相关、对称的部位。

④选用适当的焊条。如铜基焊条、高钒焊条、碱性焊条等，其抗裂性较好。同时还应注意填满弧坑，收弧时再次填补，避免火口裂纹。

⑤锤击焊缝。每次熄灭弧后，熔池刚凝固时，应立即锤击焊缝，以松弛焊缝收缩应力，防止产生热应力裂纹。

(4)防止气孔产生的措施。产生气孔的主要原因是在烧焊过程中，自由态石墨被烧损，形成的一氧化碳未来得及析出，被凝固到金属中形成气孔。同时空气中的氧、氮、氢等气体也会渗入熔池，尤其是铜基焊条或黄铜钎焊时，铜易吸附空气中的氢而形成针孔。坡口处理不干净，有油污、水分存在，也容易使焊道中产生气孔。为了防止气孔的产生，应注意以下几点：

①焊前必须将坡口及缺陷部位清理干净。可采用碱水刷洗、汽油清洗或用氧乙炔焰烧净油污，再用钢丝刷子刷干净。

②焊条在使用前应烤干，特别是低氢型与石墨化型焊条，用前必须经 150～200℃烘烤 2h，使药皮吸的潮气完全烘干，然后使用。

③如果采用多层焊，在每焊完一层后，必须经冷却，并认真清理焊渣，再焊第二层。

（二）碳素钢件焊修

阀门体和阀门盖所用的碳素钢是低碳钢或中碳钢，其焊接性能比较好，几乎可以采用所有的焊接方法来进行补焊，并能获得良好的效果。

对于碳素钢的补焊，应注意以下几点：

（1）焊条使用前必须烘烤 1～2h，烘烤温度为 200～300℃。对碱性低氢型焊条，烘烤温度可提高到400℃。

（2）当缺陷较大需要多层补焊，在焊第一层时，应尽量采用小电流慢速焊。

（3）焊件几何形状复杂或焊缝过长，可分为若干小段，分段跳焊，使其热量分布均匀。

（4）收尾时，电弧慢慢拉长，将熔池填满，以防止收尾处产生裂纹。

（5）对于 A5、35、WCB 钢，可采用 150～250℃局部预热。

（6）应尽可能选用碱性低氢型焊条。特殊情况下，选用铬镍不锈钢焊条。如奥 302、奥 402、奥 407 等，但焊接电流宜小，焊接层数宜多，熔深宜浅。这种焊条成本较高，一般不常采用。

四、本体波浪键、栽丝扣合法修补

阀门体或阀门盖有裂纹时，采用波浪键、栽丝扣合法修补效果较好。其原理是波浪键起连接作用，栽丝(螺丝)起密封作用。

（一）波浪键的制作

（1）波浪键的形状如图 8-44 所示。

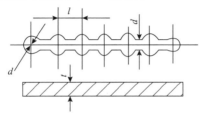

图 8-44　波浪键形状示意图

其尺寸一般为：

$d = (1.4 \sim 1.6)b$

$l = (2 \sim 2.2)b$

$t \leqslant b$

波浪键凸缘个数通常分别为 5、7、9 个。

（2）波浪键的材料一般采用 0Cr18Ni9、1Cr18Ni9 或 1Cr18Ni9Ti。这种材料塑性好，便于冷作扣合，且又不生锈。也可以选用其他材料，但应考虑其膨胀系数与本体相同或相近，否则当受热时会产出新的缝隙。

铸铁阀门可采用 Ni36 或 Ni42 作波浪键较好。上述几种材料的膨胀系数见表 8-8。

波浪键的材料应进行热处理，使其硬度为 HB140 左右。

表 8-8　几种波浪键材料的线膨胀系数　$\times 10^{-6}/℃$

项　　目	20 ~ 100	20 ~ 200	20 ~ 300	20 ~ 400	20 ~ 500
0Cr18Ni9	16	17	17.2	17.5	17.9
1Cr18Ni9	16	16.8	17.5	18.1	18.5
Ni36	2.1	3.2	6.1	8.9	10.1

（二）波浪键槽的加工

（1）波浪槽和波浪键之间的间隙一般应为 0.1 ~ 0.3mm，其深度一般为壁厚的 0.7 ~ 0.8 倍。如有多余波浪槽，则其间距应为 30 ~ 60mm，如图 8-45 所示。

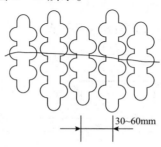

图 8-45　波浪槽的布置示意图

（2）波浪槽的加工可采用铣床加工，但通常采用钻削加工方便易行。

（三）波浪键的扣合工艺

（1）栽丝（螺丝）一般适用 M6～M10，螺孔之间应相隔 0.5～1.5mm。必须指出的是，在扣合之前，都应在键、键槽、螺孔和螺丝上涂上胶黏剂。这样可提高扣合强度和密封性能。

（2）阀门体和阀门盖的波浪键栽丝修补，应采用强密扣合法，如图 8-46 所示。

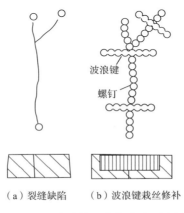

（a）裂缝缺陷　　（b）波浪键栽丝修补

图 8-46　波浪键强密扣合法示意图

五、本体胶封铆接修补

本体裂纹、掉块破损和组织松散的修补，采用铆接胶封修补法，简便易行。铆接胶封修补法，见图 8-47。

胶封铆钉修补法的操作程序是：

（1）钻止裂孔并清理缺陷处。

（2）制作加强板，准备铆钉（螺钉），加强板与本体贴合并配钻铆钉孔（螺孔）。

（3）选用适于工况条件和本体的胶黏剂。

（4）表面处理（包括化学处理）缺陷处、铆钉（螺钉）、加强

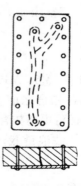

图 8-47　胶封铆钉修补法示意图

板胶黏面。

（5）涂刷胶黏剂或填充填料于缺陷处，待固化。

（6）涂刷胶黏剂于加强板、铆钉（螺钉）及其接触部位。直立扣合加强板，尽量排除粘合面空气，铆合铆钉（上紧螺钉）。

（7）除去残胶，固化后修整即可。

六、本体被损的粘补

本体破损的粘补方法有：填充法、塞柱法、贴布法、嵌块法等，见图 8-48。

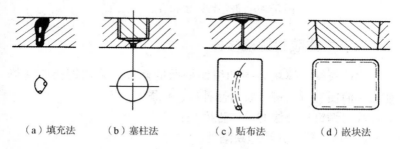

（a）填充法　　（b）塞柱法　　（c）贴布法　　（d）嵌块法

图 8-48　本体破损粘补示意图

胶黏剂的选用应考虑本体和工况使用条件，如温度、压力等。常用胶黏剂修补方法工艺步骤和适用范围见表 8-9。

表8-9 本体破损修补方法工艺步骤和适用范围

粘补方法	工艺步骤	适用范围
填充法	清理孔洞缺陷，选用适于本体和工况条件的胶黏剂，灌入孔洞中，或者用本体相同的粉末与胶黏剂调和后填入孔洞中固化	适于小的铸造缺陷的粘补
塞柱法	加工缺陷，配制塞柱，表面处理；选用胶黏剂，并适于工况和本体；涂刷胶液渗入缺陷，填入塞住，除净残液，固化即可	适于较大的铸造缺陷的粘补
贴布法	一般缺陷表面处理，若为裂缝需开坡口、钻止裂孔；选用胶黏剂适于工况和本体；涂刷胶液渗入缺陷内，表面用胶填平；选用处理过的玻璃布，层层涂胶，层层遮盖在缺陷，待固化	适于短段裂缝、松散组织等缺陷
嵌块法	除掉缺陷，加工成所需圆形、方形(直角应圆弧过渡)凹槽或开孔；配制嵌块为内大外小，与凹槽或开孔吻合；表面处理，涂刷适于工况和本体的胶黏剂；扣合嵌块，并施加一定压紧力，胶层间隙应保持0.20~0.30mm。若缺陷大、工作压力为1MPa以上，应在扣合处栽丝和镶波浪键	适于缺陷大的松散组织、破损处

注：塞柱、贴布在阀内，填定胶、嵌快从阀内向外为佳。

第五节 静密封面的修理

在阀门使用中，不产生相对运动，始终处于相对静止状态的密封面，称为静密封，起密封作用的表面叫做静密封面。

一、静密封面损坏的主要原因

在阀门上，静密封面的结构形式很多，有平面和锥面之别，有垫片和无垫片之分，还有强制和自紧密封等。静密封面是阀门的重要部位，也是产生"跑冒滴漏"的主要部位之一。静密封面损坏的主要原因见表8-10。

表 8-10　静密封面损坏的原因

损坏形式	损坏原因	举例
静密封面严重锈蚀	主要是介质的腐蚀和阀门的选用不当	截止阀的螺纹密封面
静密封面有严重划伤和铲伤	主要是拆卸、清洗、装配过程中，违反操作规程，产生磕、碰、划、伤和用力不当	截止阀、闸阀刚性平面密封连接
静密封面有明显压痕	主要是选用垫片材质硬度过高，光洁度不高或在装配时混入了砂粒、焊瘤等赃物	截止阀、闸阀透镜垫法兰连接或锥面垫片密封连接
静密封面不光洁	主要原因是使用时间过长，介质的侵蚀，未定期检查、维修所致	平面螺纹连接的密封面和无垫刚性密封面
静密封有明显沟槽	静密封面存在划痕而产生泄漏后，未及时修理，受到介质强烈的冲蚀，使划痕越来越大，形成沟槽	法兰光滑面静密封及斜自紧密封连接
静密封面发生变形	由于静密封面刚度不够，装配时用力过大，使其产生变形，或高温下产生热蠕变形	榫槽面法兰连接
静密封面有裂纹	设计时选用的材质和制造质量差，安装或操作不当，长期处在交变载荷下而产生疲劳裂纹	榫槽面、梯形槽面的法兰连接和平面刚性密封连接
静密封面有泄漏孔	主要是制造质量不好，引起的皱折、气孔、夹渣等缺陷所致	一般静密封面都可能出现

二、静密封面的修理

(一)凸面外圆的修整

在凸凹面、榫槽面中，由于制造质量，凸凹表面碰伤、变形，使凸面套不进凹面中。除车削外，可用锉刀修整，如图8-49所示。

其修整方法是：将工件夹在虎钳上，把平锉平放在凸面外

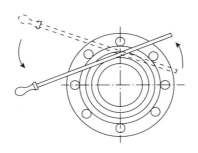

图 8-49　凸面外圆的修整示意图

圆上，平锉光面侧靠着台后肩，在锉削中一边作往复运动，一边上下作圆弧运动，锉一会儿后调换一个方向，一直沿整圆锉完。锉削圆弧连接自然，直到要求尺寸为止，凸凹面配合间隙为 H11/d11。

（二）梯形槽的修理

梯形槽由于腐蚀、压击而损坏。修理时，将工件夹在车床上，用千分表校正，在梯形槽的面上车削掉 1mm 左右的厚度，然后按梯形槽尺寸套出新的梯形槽，槽的内外侧粗糙度 $\leqslant \sqrt{\dfrac{3.2}{}}$。

（三）螺纹堵头的修理

螺纹堵头是阀门体和阀门盖上常见的静密封点，用它注水试压或排放介质。根据工况条件和损坏程度，采用如下方法修复。

轻微损坏采用研磨、换垫或者在堵头螺纹上缠绕聚四氟乙烯胶带、密封胶等；堵头损坏应更换；螺孔滑丝可采用扩孔攻丝，加工新堵头或者堆焊填满螺孔后，重新钻孔攻丝。

（四）静密封面堆焊修复

把静密封面上的缺陷车除，按本体材料选用焊条，见图 8-50。然后按照堆焊规程施焊，车削成新的静密封面。堆焊体应无裂纹、气孔等缺陷，强度试验合格。

（五）静密封面的更换

静密封面因腐蚀严重、裂纹、掉块等，无法修补时，可进

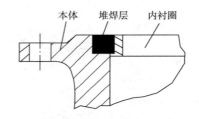

图 8-50　堆焊修复示意图

行更换。新加工的静密封面应符合原静密封面尺寸和技术要求，无法查到静密封面尺寸时，可根据静密封实测面尺寸进行加工。

1. 焊接更换

焊接更换是预制好静密封圈(应留有一定的加工余量)，嵌入已加工好的本体内，然后施焊，使静密封圈与本体成一整体，再进行加工、研磨，见图 8-51。

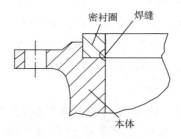

图 8-51　焊接更换密封面示意图

2. 粘接更换

对于铸铁或非金属阀门不便采用焊接更换时，可选用适合的胶黏剂将预制好的静密封圈牢固地粘接在本体上(见图8-52)，然后进行研磨修正。

三、密封面手工研磨

静密封面的研磨适应于不平整超差和缺陷深度在 0.3mm 以内的划伤、擦伤、蚀点、压痕的修复。静密封面研磨形式及操作方法见表 8-11。

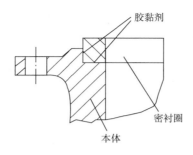

图 8-52　粘接更换示意图

表 8-11　静密封面研磨形式及操作方法

研磨形式	操作方法	适应范畴
刮研	着色检查静密封面，用刮刀(铲具)铲除最高接触点，反复进行多次，使接触点均匀、细小为止	适于不平整和均匀腐蚀的平面静密封面的修复
互研	在静密封面之间加入研磨剂，使其互相磨削而除掉缺陷	适于密合式静密封面(如平面、凹凸面、榫槽面、斜面等)的两密封面上缺陷的消除，静密封面的密合
密封面自为工具研磨	在密合式的静密封面的任一密封面上粘贴砂纸(布)，对另一有缺陷密封面进行研磨。此方法可代替专用研具	适于密合式静密封面研磨。简单方便，特别适用现场修理
平板研磨	用平板或圆形的平面研具涂上研磨剂或夹持、粘贴砂纸(布)对有缺陷的平面静密封面进行研磨，消除其缺陷	适于平面静密封面研磨
特具研磨	用特殊研具(如梯形、斜面等)，必要时加导向器，对有缺陷静密封面进行局部或整体研磨，消除其缺陷	适于梯形槽式、透镜式等静密封面研磨
车研	利用车床或旋转设备夹持并校正待研静密封面，用破布或研磨剂进行研磨或抛光	适于所有的静密封面研磨和抛光，效率高

（一）静密封面的研磨要求

（1）研磨应符合技术要求，并按要求验收。

（2）研磨量控制在 0.3mm 以内，检查静密封面预紧间隙是否符合要求。

（3）研磨过程中，应一边研磨一边检查，防止研磨缺陷的产生。

（4）研磨后的静密封面粗糙度应满足以下要求：一般静密封面 ≤ $\overset{12.5}{\bigtriangledown}$；O 形圈槽 ≤ $\overset{6.3}{\bigtriangledown}$；梯形槽、透镜式、锥形静密封面 $\overset{3.2}{\bigtriangledown}$；刚性静密封面 $\overset{0.4}{\bigtriangledown}$。

（5）研磨后的静密封面用着色法检查不平整度，其要求是：一般静密封面上的印影分布均匀；梯形图、透镜垫、锥面垫、与静密封面上的印影分布均匀且连续；刚性静密封面印影为圆形且连续为合格。

（二）平面密封面的研磨

平面密封面的研磨修复过程包括准备、清洗和检查、研磨及检验等过程。

（1）准备研磨物料、选择研磨用具、调试研磨机和备好研磨密封面检验工具等。

常用的物料有砂布、砂纸、研磨剂、稀释液及检验的红丹、铅笔等；研磨用具有研具导向器、万向节和手柄。若用研磨机研磨，应事先检查、加油和试好研磨机。检验密封面的工具主要是标准平板，使用研磨机时可用水平仪校正密封面的水平度，有条件的也可用平光晶、光洁度样板等工具。

（2）清洗和检查。清洗密封面应在油盆内进行，清洗剂一般用洗涤汽油或煤油，边洗边检查密封面损坏情况，做到心中有数。

在清洗中，用眼睛难以确定的微细裂纹，可用着色探伤法进行检查。

清洗后，应检查阀瓣、闸板密封面密合情况，检查一般用红丹和铅笔。用红丹试红，检查密封面印影，确定密封面密封情况；或用铅笔在阀瓣和阀座密封面上划几道同心圈，然后将阀瓣与阀座叠放在一起相对旋转，检查铅笔圆圈擦掉情况，确定密封面密合情况。如果密封面密合不好，可用标准平板分别检验阀瓣和阀座、闸板密封面和阀座密封面，确定研磨部位。

（3）研磨分为粗研、精研和抛光等。粗研是为了消除密封面上擦伤、压痕、蚀坑等缺陷，使密封面得到较高平整度和一定的光洁度，为密封面精研打好基础。粗研采用粗砂布（纸）或粗粒研磨剂，其粒度为 800～280 号，切削量大，效率高，但切削纹路较深，密封表面较为粗糙，需要精研。

精研是为了消除密封面上的粗纹路，进一步提高密封面的平整度和光洁度，采用细砂粒布（纸）或细粒研磨剂，其粒度为 280 号～W5，切削量小，有利于光洁度的提高。粗研后进行精研时，应更换平整度和光洁度比粗研时高的研具，研具应清洗干净。对一般阀门而言，精研满足最终的技术要求，但对光洁度要求较高的阀门，还需要进行抛光。手工研磨不管粗研，还是精研，整个过程始终贯穿提起、放下、旋转、往复、轻敲、换向等操作相结合的研磨过程。其目的是为了避免磨粒轨迹重复，使研具和密封面得到均匀的磨削，提高密封面的平整度和光洁度。

（4）在研磨过程中始终贯穿着检验，其目的是为了随时掌握研磨情况，做到心中有数，使研磨质量达到技术要求。

（三）平面密封面的局部研磨

局部研磨主要是手工研磨，使用的研磨物料以干研较多。平面密封面局部研磨的目的主要是消除密封面上的局部凸起及纠正两密封面夹角不正的现象。

平面密封面的局部研磨方法较多，见图 8-53。

（1）图 8-53（a）是密封面印影的分布情况，密封面上的缺陷是通过标准平板或标准研具的检查反映出来的，要防止用平整度不高的平板或研具的检查。否则，得不到正确的印影。

(a) 密封面印影的分布　　(b) 油石局研　　(c) 砂布局研

(d) 砂轮片局研磨　　(e) 研磨剂局研磨　　(f) 铲刀刮研磨

图 8-53　平面密封面的局部研磨

从印影分布情况分析：左上角一个白点是着色检查磨出的白亮点，它与没有印影的空白处光泽不一样，这白亮点最高；印影不大清楚或显示剂厚的为较低处；印影断线处，没有沾上显示剂的为最低处。从以上分析看，密封面是从右下角向左上角倾斜，产生这种现象是左上角一个白亮点凸出的缘故，只要把左上角白亮点局部研磨掉，密封面的平整度将大为提高。

（2）图 8-53（b）是油石局研的方法。选用长方形油石平放在平面密封面上，用手平稳地握住油石，食指自然压在油石上控制研磨压力，使油石在局研部位上作左右摆动或作弧形往复运动，直到研磨出较理想的密封面为止。用油石研磨时，应加一些机油，油酸等，以利提高研磨质量，以免密封面拉毛。

（3）图 8-53（c）是用砂布（纸）局研的方法，用作研具的长板，下面垫上砂布或砂纸，长板一端用拇指压在密封面上，中间夹垫着一层布或者纸作为定点。另一端用拇指压着砂布或砂纸，并用食指夹持着，研磨时手指左右摆动，其研磨速度、压力、范围由手指控制。

（4）图 8-53（d）是用砂轮片局部研磨的方法，使用的砂轮片为薄片砂轮或单斜边砂轮，其操作方法与长板研磨相似。此法效率高，适用于较大局研部位。

（5）图 8-52（e）是用研磨剂的方法，研磨剂稀释均匀分布平板上，用手夹持着阀瓣、闸板，将其平放在涂有研磨剂的平板上，用食指着力压在局部位置上，被研磨件在平板上作8字形研磨运动，并不断掉换方向，使平板每一部位都得到均匀的磨削。由于研磨体上施加压力不同，其磨削量不一样，局研位置施加压力大些，磨削快些，且局研部位过度线自然。

（6）图8-53(f)是用铲刀刮削的方法，用红丹、兰丹等显示剂涂在密封面上，使密封面密合，产生印影后，根据密封面印影的分布情况，用铲刀刮削密封面上的高点处，经多次刮削，使密封面得到应有的平整度和光洁度。

（四）平面密封面的整体研磨

局部研磨一般为粗研磨，不是最终研磨。在局研磨后，进行整体研磨。

（1）手工整体研磨时，手握持用力要均匀，同时注意不断调换方向，经常以180°或90°调换，防止产生偏研磨现象。

（2）平面密封面的整体研磨，就是在研磨过程中，始终研具覆盖密封面，基本上使密封面上受到均匀的压力，从而使整个密封面得到应有的平整度和光洁度。

（3）平面密封面的阀瓣、阀片，其厚薄基本一致，放入旋转式研磨机或振动式研磨机上，能得到好的研磨效果。

（4）楔式闸板密封的整体研磨，因为楔式闸板厚薄不一致，容易产生偏研磨现象，在研磨楔式闸板密封面时，应附加一个平衡力，使楔式闸板密封面均匀磨削。图8-54为楔式闸板密封面的整体研磨方法。

（a）小头加重平衡法　　（b）单手施压平衡法　　（c）双手过半平衡法

图8-54　楔式闸板密封面的整体研磨示意图

（五）阀座的整体研磨

阀座密封面的研磨通常采用整体研磨的方法，这是因为阀座用局研方法不方便的缘故。

阀座密封面的研磨要弄清其材质，可以通过标牌和手轮油漆颜色来识别，选用与密封面相适应的研磨剂。阀座密封面为铸铁本体制成的，一般选用棕刚玉研磨剂；阀座密封面为黄铜制成的，选用黑碳化硅研磨剂；淬硬钢阀座密封面选用白玉钢、绿碳化硅等。

整体研磨阀座密封面时，放置在修理台上的姿态，不管形状如何，其阀座密封面应放在水平位置上。可用水平仪在密封面上校正水平。

（六）研磨过程中注意事项

（1）清洁工作是研磨中很重要的一个环节，也是容易使人忽视的一个环节。应做到"三不落地"，即研件不落地，工具不落地，物料不落地；做到"三不见天"，即显示剂用后上盖，研磨剂用后上盖，稀释剂（液）用后上盖；做到"三干净"，即研具使用前要擦干净，密封面要清洗干净，更换研磨剂时要将研具和密封面擦洗干净。

（2）研具用后，应清洗干净，禁止乱丢乱扔，按次序摆放好，以便再用。

（3）研磨中应注意检查研具有无与阀门体有磨擦现象，特别是内壁毛糙、疤点、肩台是造成研具运动不平稳的因素。

（七）研磨中常见缺陷产生的原因和防止方法

研磨中常见缺陷产生的原因和防止方法，见表8-12。

表8-12　研磨中常见缺陷产生的原因和防止方法

缺陷形式	产生原因	防止方法
表面不光洁	磨料粒度过粗	正确选用磨料的粗细
	润滑剂使用不当	正确选用润滑剂
	研磨剂涂得太薄	研磨剂厚薄适当，涂布均匀

缺陷形式	产生原因	防止方法
表面拉毛	研磨剂中混入杂物	搞好清洁工作，防止杂质落在工件和研磨剂中，精研前除净粗研的残液
	压力过大，压碎磨料嵌入工件中	压力要适当
平面不平	平板不平	注意检查平板平整度
	研磨运动不平稳	研磨速度适当，防止研具与工件非研磨面接触
	压力不匀或没有调换研磨方向	压力要均匀，经常调换研磨方向
	研磨剂涂得太多	研磨剂涂布适当
锥面不圆接不上线	内外圆锥研具与阀件锥体或锥孔轴线不重合	研磨中经常检查它们互相间的同心度，研磨要平稳
	内外圆锥研具不平、不对称	研具要经常用样板等工具检查
	研磨剂涂得不匀或过多	研磨剂涂的适量且均匀
孔成椭圆成喇叭口	研磨时没有调头和调换方向	研磨时注意经常变换方向和调头
	孔口或工件挤出的研磨剂未擦掉，继续研磨所致	挤出的研磨剂擦掉后，再研磨
	研磨棒伸出孔口过长	研磨棒伸出适当，用力平稳，不摇晃
阀件变形	阀件发热仍继续研磨	研磨速度不能太快，温度超过50℃应停下冷却后再研磨
	装夹不正确	装夹要得法，要平稳，以不变为佳
	压力不均匀	压力需均匀，特别是较薄件的研压力不能过大

（八）研磨用的材料

研磨用的材料分为磨料、润滑剂、研磨膏、砂布（砂纸），以及油石和砂轮等。

（1）磨料。磨料种类很多，应根据工件的材质、硬度及加工精度等条件选用磨料。表 8-13 为常用磨料的种类及用途，表 8-14 为磨料粒度的分类及用途。

表 8-13　常用磨料的种类及用途

系列	磨料名称	代号	颜色	特性	应用范围	
					工作条件	研磨类别
氧化铝系	棕刚玉	GZ	棕褐色	硬度高，韧性大，价格便宜	碳钢、合金钢、铸铁、铜等	粗、精研
	白钢玉	GB	白色	硬度比棕刚玉高韧性较棕刚玉低	粹火钢、高速钢及薄壁零件等	精研
	单晶刚玉	GD	浅黄色或白色	颗粒成球状，硬度和韧性比白刚玉高	不锈钢等强度高、韧性大的材料	粗、精研
	铬刚玉	GG	玫瑰红或紫红	韧性比白刚玉高磨削光洁度好	仪表，量具及高光洁度表面	精研
	微晶刚玉	GW	棕褐色	磨粒由微小晶体组成，强度高	不锈钢或特种球墨铸铁等	粗、精研
碳化物系	墨碳化硅	TH	黑色有光泽	硬度比白刚玉高性脆而锋利	铸铁、黄铜、铝和非金属材料	粗研
	绿碳化硅	TL	绿色	硬度仅次于碳化硼和金钢石	硬质合金、硬铬、宝石、陶瓷玻璃等	粗、精研
	碳化硼	TP	黑色	硬度仅次于金刚石、耐磨性好	硬质合金、硬铬、人造宝石等	精研抛光
金刚石系	人造金刚石	JR	灰色至黄白色	硬度高比天然金钢石稍脆表面粗糙	硬质合金、人造宝石、光玻璃等硬脆材料	粗、精研
	天然金钢石	JT	灰色至黄白色	硬度最高、价格昂贵	硬质合金、人造宝石、光玻璃等硬脆材料	粗、精研
其他	氧化铁		红色或暗红色	比氧化铁软	钢、铁、铜、玻璃	极细的精研、抛光
	氧化铬		深绿色	质软		
	氧化铈		土黄色	质软		

表 8-14 磨料粒度的分类及用途

分类	粒度号	颗粒尺寸/μm	可加工粗糙度/R_a	应用范围
磨粒	8	3150~2500	12.5	铸铁打毛刺,除锈等
	10	2500~2000		
	12	2000~1600		
	14	1600~1250		
	16	1250~1000		
	20	1000~800		
	24	800~630		
	30	630~500		
	36	500~400	12.5~6.3	一般件打毛刺、平磨等
	46	400~315		
	60	315~250	6.3~1.6	加工余量大的精密件粗研用,精度不太高的法兰密封面等零件的研磨
	70	250~200		
	80	200~160		
磨粉	100	160~125	0.8	一般阀门密封面的研磨
	120	125~100		
	150	100~80	0.8~0.2	中压阀门密封面的研磨
	180	80~63		
	240	63~50		
	280	50~40		
微粉	W40	40~28	0.2~0.100	高温高压阀门、安全阀密封面的研磨
	W28	28~20		
	W20	20~14		
	W14	14~10		
	W10	10~7	0.100 以上	超高压阀门和要求很高的阀门密封面及其他精密零件的精研、抛光
	W7	7~5		
	W5	5~3.5		
	W3.5	3.5~2.5		
	W2.5	2.5~1.5		
	W1.5	1.5~1		
	W1.0	1~0.5		
	W0.5	0.5~更细		

（2）润滑剂是与磨料调和一起使用的，调和成的混合剂，叫研磨剂。润滑剂能使磨料调和均匀，研磨切削一致；它能起润滑作用，研磨轻松，又能起冷却作用，避免工件膨胀和变形；它能起化学反应，提高研磨的效率。使用时，应选用无腐蚀，残液易清洗的润滑剂。

润滑剂分液态和固态两种。液态润滑剂常用汽油、煤油、润滑油、透平油、猪油、工业用甘油、酒精，以及肥皂水和水。汽油只起稀释磨料的作用，肥皂水和水用在玻璃等材料上的研磨。固体润滑剂常用的有硬脂酸、石蜡、油酸和脂肪酸。

润滑油是用得较多的一种润滑剂，一般用 SC30 润滑油。精研时，可用一份润滑油掺三份煤油使用。

煤油黏度小，研磨速度快，适用于粗研。猪油含有油酸，可事先与磨料调成糊状，用时加煤油稀释，能提高光洁度，用于高精度的精研中。

煤油在润滑剂中的多少，即浓、稀程度，视研磨类别、气候等因素而定，一般情况下研磨剂冬天稀一些，夏天浓一些。

（3）研磨膏是事先预制成的固体研磨剂。它是由硬脂酸、硬酸、石蜡等润滑剂加以不同类别和不同粒度的磨料配制成。

（4）砂布和砂纸是用胶黏剂把磨料均匀粘在纸上或布上的一种研磨材料。它具有方便简单，光洁度高、清洁无油等优点，故在阀门密封面研磨中应用较普遍。砂布（金钢砂布）的规格见表 8-15，水砂纸的规格见表 8-16，金相砂纸的规格见表 8-17。

表 8-15　砂布（金钢砂布）的规格

代号		0000	000	00	0	1	3/2	2	5/2	3	7/2	4	5	6
磨料粒度号数	上海	220	180	150	120	100	80	60	46	36	30	24	—	—
	天津	200	180	160	140	100	80	60	46	36	—	30	24	18

注：习惯上也有把 0000 写成 4/0；000 写成 3/0；00 写成 2/0 的。

表 8-16　水砂纸的规格

代　号		180	220	240	280	320	400	500	600
磨料粒度	上海	100	120	150	180	220	240	280	320（W40）
号数	天津	120	150	160	180	220	260	—	—

表 8-17　金相砂纸的规格

代号	280	320	01（400）	02（500）	03（600）	04（800）	05（1000）	06（1200）
磨料粒度号数	280	320（W40）	W28	W20	W14	W10	W7	W5

（5）油石、磨头和砂轮。它们是研磨料黏结而成的不同形状工具，是用于磨削的工具，也是阀门研磨的常用工具。

选用油石、磨头和砂轮，应根据阀门形状，材质、粗糙度等要求而定，阀门材料硬度高，一般用软的；反之，用硬的。阀门表面粗糙度要求低的，一般用粒度细、组织紧密的；反之，粒度用粗一些的，组织要松些的。这里油石、磨头和砂轮的硬度与磨料本身硬度是两回事。此硬度指的是它们的工作表面的磨粒在外力作用下脱落的难易程度，脱落的快，硬度软，反之就硬。它们的硬度分超软（CR）、软（R）、中软（Z）、中硬（XY）、硬（Y）、超硬（CY）；它们的结合剂有陶瓷（A）、树脂（S）、橡胶（X）、金属（J）四种。

第六节　阀门检修的技术要求

一、做好标记并记录有关参数

将检修的阀门从设备或管线上拆卸时，首先在阀门及与阀门相连接的设备或管道上合适的位置做好标记，并记录该阀的工作温度、压力及介质名称作为检修用料的依据及检修后安装时的标记。

二、阀门的解体检修

阀门的解体检修，宜在室内进行，如在室外时，必须采取防尘、防雨措施。

三、阀体、阀盖以及支架的修理

阀体、阀盖以及支架的修理，可视具体情况采取焊接法。对小孔或裂缝打好坡口，按焊接规范进行焊补；可采用渗透粘补法或粘接法。

四、阀门密封面的修理

阀门密封面的修理，一般采用人工或机械研磨方法，其磨料按表8-18选择磨料粒度，研磨机选择见表8-19。

表8-18　磨料粒度的分类及用途

分类	粒度号	粒度尺子/μm	可加工粗糙度	应用范围
磨粒	60 70 80	315～250 250～200 200～160	$\nabla 12.5 \sim \nabla 3.2$	加工余量大的精密零件粗研用，精度不太高的法兰密封零件的研磨
磨粉	100 120 150	160～125 125～100 100～80	$\nabla 1.6$	一般阀门密封面的研磨
	180 240 280	80～63 63～50 50～40	$\nabla 1.6 \sim \nabla 0.4$	中压阀门密封面的研磨
微粒	W40 W28 W20 W14	40～28 28～20 20～14 14～10	$\nabla 0.4 \sim \nabla 0.2$	高温高压阀门、安全阀密封面的研磨

表 8-19　各种研磨机的性能比较

研磨机种类		特点	适用范围
阀瓣闸板研磨机	旋转式	结构简单，传动平衡，使用方便；以嵌砂布进行干研，也可以涂研磨剂；可自动或手工操作	适用于临时研磨和局部研磨
	行星式	磨粒运动轨迹均匀，研磨质量较好，不需手工操作	适用范围广，使用普遍
	振动式	结构简单，不需人看管，质量较好，效率较低，研磨时间长	使用较普遍
闸板阀体研磨机		操作简便，结构很简单，且可用一台电动机带动 2~4 个研头	研磨闸阀阀体
球面研磨机		结构简单，可用在用车床或废旧车床改装而成的机器上	研磨球面
多能研磨机		一机多用，研磨质量较好，但结构较复杂	可研磨阀座、闸板和阀瓣等密封面

五、常见缺陷和防止方法

常见缺陷和防止方法，见表 8-20。

表 8-20　研磨中常见缺陷产生原因和防止方法

序号	缺陷形式	产生原因	防止方法
1	表面不光洁	（1）磨料粒度过粗 （2）润滑剂使用不当 （3）研磨剂涂得太薄	（1）正确选用磨料的粗细 （2）正确选用润滑剂 （3）研磨剂厚薄适当，涂布均匀
2	表面拉毛	（1）研磨剂中混入杂质 （2）压力过大，压碎磨料或磨料嵌入工件中	（1）搞好清洁工作，防止杂质落在工件和研磨剂中，精研前除净粗研的残液 （2）压力要适当

序号	缺陷形式	产生原因	防止方法
3	平面不平	（1）平板不平 （2）研磨运动不平衡 （3）压力不匀或没有调换研磨方向 （4）研磨剂涂的太多	（1）注意检查平板平整度 （2）研磨速度适当，防止研具与工件非研磨面接触 （3）压力要均匀，经常调换研磨方向 （4）研磨剂涂布适当
4	锥面不圆，接不上线	（1）内外圆锥研具与阀件锥体或锥孔轴线不重合 （2）内外圆锥研具表面不平，不对称 （3）研磨剂涂的不匀或过多	（1）研磨中经常检查它们互相间的同轴度，研磨要平稳 （2）研具经常用样板等工具检查 （3）研磨剂涂的适量且均匀
5	孔成椭圆或喇叭口	（1）研磨时没有调头和调换方向 （2）孔口或工件挤出的研磨剂未擦掉，继续研磨所致 （3）研磨棒伸出孔口过长	（1）研磨时注意经常交换方向和调头 （2）挤出的研磨剂擦掉后，再研磨 （3）研磨棒伸出适当，用力平稳，不要摇晃
6	阀件变形	（1）阀件发热仍继续研 （2）装夹不正确 （3）压力不均匀	（1）研磨速度不能太快，温度超过 50℃ 应停下冷却后，再研磨 （2）装夹要得法，要平稳，以不变形为佳 （3）压力需均匀，特别是较薄件的研磨，压力不能过大

六、阀杆密封面的修理

（1）阀杆密封面损坏后，可用研磨、镀铬、氮化、淬火等工艺进行修复。

（2）阀杆的技术要求：阀杆的螺纹部分与光杆部分不同轴度小于等于 1mm；阀杆全长上的直线度偏差小于等于 0.10mm，锥度偏差小于等于 0.05mm。

第九章　阀门检修后的性能检验

阀门检修后的性能检验是阀门检修的最后一道程序，是对检修阀门质量的全面检查。这项工作的好坏直接关系阀门的正常运行，也是确保油库安全的重要环节。

第一节　阀门检修的质量要求

一、阀门检修质量标准

（1）至少应不低于《石油库设备完好标准》的要求。

（2）更换的填料应松紧适度，在试验时不渗不漏，开关灵活。

（3）经过研磨的密封零件，其接触面的粗糙度应达到表 9-1 的规定。

表 9-1　研磨密封零件接触面的粗糙度

名　称	公称压力/MPa	粗糙度/R_a
低压阀	$PN \leqslant 1.6$	1.6
中压阀	$PN \leqslant 6.4$	0.4

（4）填料应根据输送油品的特点，选用耐油密封性能良好的填料。

（5）电气动头及阀门零部件、必须符合原产品的技术要求。

（6）阀杆的技术要求

①阀杆的螺纹部分与光杆部分不同心度 $\leqslant 0.1\text{mm}$。

②阀杆全长上的直线度偏差 $\leqslant 0.10\text{mm}$，锥度偏差 $\leqslant 0.05\text{mm}$。

（7）各连接螺栓齐全，规格化。

（8）刷漆均匀完好，应有保养和维修记录。

二、阀门检修后的试压

（1）严密性试验压力等于阀门的公称压力。

（2）强度试验压力等于公称压力的1.5倍。

（3）大修后的安全阀应重新进行定压，其要求见表9-2。

表9-2　安全阀定压值

工作压力	安全阀的开启压力
≤1.3	工作压力 + 0.02（控制阀）
	工作压力 + 0.04（工作阀）
1.3 ~ 3.9	1.04 倍工作压力 + 0.02（控制阀）
	1.06 倍工作压力 + 0.04（工作阀）

注：安全阀的定压合格后，应打上铅封，并做好记录。

（4）试验介质。一般阀门使用温度为5～52℃的清水进行试压，重要阀门用煤油试压。安全阀定压用惰性气体（如氮气等）。

（5）试验方法。严密性试验及强度试验，闸板阀门进行三面试压，球型阀门二面试压，其顺序是：

①将阀全关，在密封装置左侧注入水（或煤油），升压到规定值，保持5min，检查右侧密封面不渗不漏。

②用同样方法在密封装置右侧注入水（或煤油），升压到规定值，保持5min，检查左侧密封面不渗不漏。

③将阀全开，并将一侧用盲板堵死，将阀门内注入水（或煤油），升压到规定值，保持5min，检查大盖处垫片及阀门体不渗不漏。

（6）验收时应提出以下技术资料。

①检修记录、验收记录。

②试压记录。

③安全阀的定压记录。

验收结束后，上述资料应存入设备档案。

第二节　阀门性能的检验

阀门的基本性能主要有强度性能、密封性能、流阻、动作性能、使用寿命等。

阀门检修组装后，应采用必要的试验与检验方法来验证阀门检修质量。

一、阀门的基本性能

1. 强度性能

强度性能是指阀门承受介质压力的能力。为了保证阀门长期安全使用，必须具有足够的强度和刚度。

2. 密封性能

密封性能是指阀门各密封部位阻止介质泄漏的能力。

(1)阀门的启闭件与阀座间的吻合面的密封，它直接影响阀门截断介质的能力和设备的正常运行。这个部位的泄漏叫内漏。

(2)填料与阀杆和填料函的配合处、阀门体与阀门盖的连接处。这两个部位的泄漏叫外漏，即介质从阀门内泄漏到阀门外。这种泄漏影响文明生产，造成介质损失、经济损失、污染环境，严重时会引发事故。特别是高温高压、易燃易爆、有毒介质，外漏更是不能允许。因而，阀门必须具有可靠的密封性能。

3. 流阻(流动阻力)

介质流过阀门后所产生的压力损失(阀门前后的压力差)。介质在阀内流动会受介质流速变化、介质密度、阀内局部阻力等因素的影响而产生阻力损失，阀门应尽可能地降低流动阻力。

4. 动作性能

动作性能也叫做机械特性，主要包括以下三个方面。

(1)启闭力和启闭力矩。它是指阀门开启或关闭所必须施加的作用力或力矩。阀门在启闭过程中，所需的启闭力和启闭力矩是变化的，其最大值是在关闭的最终瞬时或开启的最初瞬时。

(2)启闭速度。它是指阀门完成一次开启或关闭动作所需的时间。启闭速度主要是针对某些工况的特殊要求而言，如防水击、防事故等。有的阀门要求迅速开启或关闭，有的阀门要求缓慢关闭，一般阀门对启闭速度无严格要求。如油库零发油系统的应急关闭阀，在事故条件下要求快速关闭。

（3）动作灵敏度和可靠性。它是指阀门对介质参数变化做出相应反应的敏感程度。如用于调节介质参数的节流阀、减压阀、调节阀等，具有特定功能的安全阀、疏水阀等。这些阀门的动作灵敏度与可靠性是十分重要的性能指标。

5. 使用寿命

表示阀门的耐用程度。通常是指在保证阀门密封要求的条件下，阀门启闭次数，也可以用使用寿命来表示。

对于油库来说，在上述阀门的基本性能中主要是阀门强度和密封性能。

二、阀门试验的类别

（1）按压力的形式分为壳体试验（强度试验）、密封性试验、动作试验等。密封性试验分为上密封试验、低压密封试验、高压密封试验。动作试验项目较多，主要有安全阀的定压和回座试验、减压阀调压试验、疏水阀疏水动作试验等。

ZBJ 16006《阀门的试验与检验》规定，每台阀门应进行压力试验的项目见表9-3。

表9-3　阀门压力试验项目

试验名称	阀门类别				
	闸阀、截止阀	旋塞阀	止回阀	球阀	蝶阀
壳体试验	必需	必需	必需	必需	必需
上密封试验	必需	必需	必需	必需	必需
低压密封试验①	必需②	不适用	不适用	不适用	不适用
高压密封试验	任选	任选	必需③	任选	必需③

注：①即使上密封试验合格，仍不允许在阀门受压情况下，拆装填料压盖或更换填料。
　　②具有上密封性能要求的阀门都必须进行上密封试验。
　　③如需方同意，阀门制造厂可用低压气密封试验代替高压液体静压试验。

（2）按试验的温度分为低温试验、常温试验和高温试验。常温试验一般温度不超过52℃；高温试验用于高温阀门的试验，在模拟工作温度和工况下进行试验，如安全阀的热态试验；低温试验用于低温阀门试验。

（3）按试压的压力分为正压试验、负压试压（负压又称真空试验）。

（4）按试验的地点分为修理试验和运行试验。修理试验是在试压设备或工具上进行的试验；运行试验是在修理试验基础上进行的，在生产装置上直接进行的试验。直接试验容易发现阀门缺陷。如减压阀、疏水阀动作试验往往受到试压设备的限制，一般在生产装置上进行运行试验。

（5）按试验的阀件分为单件试验和整体试验。单件试验是以单个阀件进行的试验，如阀门盖的上密封试验（有的随阀门密封性试验一起进行）、阀门体、浮球、波纹管的强度试验等。整体试验是对组装后的整个阀门进行的试验，如阀门的强度试验、密封性试验、动作试验等。

三、试验压力、持续时间、渗漏量

试验压力、持续时间、渗漏量在《通用阀门压力试验》（DB/T 13927）、《阀门的试验与检验》（ZBJ 16006）中作了规定，主要有壳体试验、上密封试验、密封试验、低压密封试验和高压密封试验。两个标准中有关压力试验的要求见表9-4和表9-5。

表9-4　通用阀门压力试验要求

试验项目	壳体试验	
标准	GB/T 13927	ZBJ 16006
试验温度	3~40℃	<52℃
试验介质	水（可加入防锈剂）、煤油或黏度不大于水的其他液体	空气、惰性气体、煤油、水或黏度不大于水的非腐蚀性液体

试验项目	壳体试验				
压力	公称压力/MPa	试验压力/MPa	38℃时公称压力的1.5倍		
	≤0.25	20℃下最大允许工作压力+0.1			
	>0.25	20℃下允许工作压力的1.5倍			
试验最短持续时间	公称直径 DN/mm	持续时间/s	公称直径 DN/mm	持续时间/s	
				止回阀	其他阀门
	≤50	15	≤50	60	15
			65~150	60	60
			200~300	60	120
			≥350	120	300
	65~200	60	蝶阀		
	≥250	180	≤50	15	
			60~200	60	
			≥250	180	
允许渗漏率	承压壁及阀门体与阀门盖连结处不得有可见渗漏,壳体(包括填料函及阀门体与阀门盖连接处)不应有结构损伤		不允许有渗漏。用液体试压时,无明显可见的点滴或潮湿现象;用气体试压时,应无气泡泄出;试验时应无结构损伤		
试验项目	上密封试验				
标准	GB/T 13927		ZBJ 16006		
试验温度	3~40℃		<52℃		
试验介质	1. 水(可加入防锈剂)、煤油或黏度不大于水的其他液体 2. 空气和其他适宜气体		高压上密封试验时,空气、惰性气体、煤油、水或黏度不大于水的非腐蚀性液体;低压上密封试验时,空气或惰性气体		

试验项目	上密封试验			
试验压力	公称直径 DN/mm	公称压力/MPa	试验压力/MPa	高压上密封试验，38℃时公称压力的1.1倍 低压上密封试验时为0.5~0.7MPa
	≤80	所有压力	20℃下最大允许工作压力的1.1倍（液体）；0.6MPa（气体）	
	100~200	5		
		5	20℃下最大工作压力的1.1倍	
	≥250	所有压力		

试验最短持续时间	最短试验持续时间/s				15s
	公称直径 DN/mm	密封试验		上密封试验	
		金属密封	非金属弱性密封		
	≤50	15	15	10	
	65~200	30	15	15	
	250~450	60	30	20	
	≥500	120	60	30	

允许渗漏率	在试验时间内无可见泄漏	与壳体试验的渗漏率相同

试验项目	密封试验	
标准	GB/T 13927	ZBJ 16006
试验温度	3~40℃	<52℃
试验介质	水（可加入防锈剂）、煤油或黏度不大于水的其他液体	空气、惰性气体、煤油、水或黏度不大于水的非腐蚀性液体
试验压力	20℃下最大工作压力的1.1倍	38℃下最大工作压力的1.1倍
		低压上密封试验为0.5~0.7MPa 蝶阀的密封试验压力为1.1倍额定压力
		38℃时，止回阀密封试验为公称压力

试验项目	密封试验			
最短持续时间	最短持续时间同上密封试验时间	公称直径 DN/mm	持续时间/s	
			止回阀	其他阀门
		≤50	60	15
		65 ~ 150	60	60
		200 ~ 300	60	120
		≥350	120	120
		蝶阀		
		≤50	15	
		60 ~ 200	30	
		≥250	60	
允许渗漏率/(mm³/s)	A 级	在试验持续时间内无可见泄漏		
	B 级	$0.01 \times DN$ 液体		
		$0.3 \times DN$ 气体		
	C 级	$0.03 \times DN$ 液体		
		$3 \times DN$ 气体		
	D 级	$0.1 \times DN$ 液体		
		$30 \times DN$ 气体		

注：GB/T 13927 中规定为密封试验，ZBJ 16006 中规定密封试验分高压和低压密封试验两种。

表9-5 密封试验最大允许泄漏量

公称直径 DN/mm	闸阀、截止阀、旋塞阀/[滴(气泡)/min]	所有弹性密封阀门/[滴(气泡)/min]	金属密封的球阀、蝶阀/[滴(气泡)/min]	金属密封的球阀、蝶阀	
				液体试验/(cm³/min)	气体试验/(m³/h)
≤50	0	0	由制造厂和需方商定	$DN/253$	$DN/250.042$
65 ~ 150	12				
200 ~ 300	20				
≥350	28				

注：(1)液体试验介质单位为滴，大约每立方厘米为16滴；气体试验介质为气泡数；
　　(2)在规定最短持续时间内，其泄漏量为零；
　　(3)有的部门对阀门泄漏有严格规定，应按有关规定执行。

四、试验的介质

（1）水。具有方便、便宜、不污染环境等优点，应用广泛。但水对钢铁有锈蚀作用，使用时可添加防腐剂解决。

（2）油。煤油具有渗透性强、不腐蚀阀件的优点。但成本高，易污染地面。常用介质油是煤油或70%煤油加30%锭子油，适用于高压、重要阀门试验。轻质石油产品和温度高于200℃的石油产品使用的阀门通常用油介质试验。

（3）蒸汽。用蒸汽作试验介质，对蒸汽用阀门有直接效果，能发现水压试验时难发现的缺陷。

（4）空气。空气来源充足，成本低，一般用于气体阀门试验介质。空气试验时，应注意安全，为了检查泄漏气泡数，试验时应将阀门浸入水中，或者采用涂肥皂水检查。

（5）氮气。氮气属于惰性气体，安全可靠，但成本较高。氮气作为试验介质主要用于安全阀和一些重要阀门。

（6）试验介质所适应的试验项目如下：

①壳体、高压上密封和高压密封试验，试验介质应使用煤油、水或黏度不大于水的非腐蚀性介质，试验温度不超过52℃。

②低压密封和低压上密封试验，试验介质应采用空气或惰性气体。

五、试验设备与工具

（一）试验装置的要求

泵压装置的精度和完好状况影响着阀门压力和检验准确性。阀门压力试验（除压力泵和压力表外）没有统一的设备型号和标准。无论何种形式的阀门压力试验装置都应具备以下要求：

（1）压力试验装置的试验台架、动力设备、工装夹具、压力泵（电动泵和手摇泵）仪器仪表、防护装置等应安全可靠、准确灵敏、操作方便、易于检修。

（2）压力试验装置的压力表必须经计量部门鉴定合格，其合格证应在有效期内，并联安装 2 只。压力表不应有表盘变形、变色或刻度不清等缺陷，压力表与管头的连接处无泄漏。

（3）压力表的量程应为试验压力的 1.5 ~ 3 倍。压力表的精度应符合以下要求：试验压力 < 2.5MPa，精度不低于 2.5 级；试验压力 ≥ 2.5MPa，精度不低于 1.5 级；试验压力 > 14MPa，精度不低于 1.0 级。

（4）压力试验装置用的高压管不应有扭曲现象，试验装置的所有承压部件能承受试验压力，并无泄漏现象。在规定试验压力下、持续时间内，应能稳压、停压；工装夹具、压力介质等对人体无意外伤害。

（5）压力试验装置的安全防护措施（如防护罩、隔离屏等）应可靠，能防止试验工装夹具或压力介质等对人体的意外伤害。

（二）加压设备与工具

阀门试压时向阀门内注入带压介质的设备与工具，除从生产装置引出的带压液体和气体等管道外，常用有手摇泵、电动试压泵、气动液压泵、氮气瓶等。

1. 手摇泵

手摇泵加压的工作原理见图 9 - 1。当手摇泵手柄带动活塞向上运动时，缸内形成负压，进口止回阀打开，出口止回阀关闭，槽内的液体吸入缸内；当活塞向下运动时，缸内液体受到压力，出口止回阀打开，进口止回阀关闭，液体压入阀门内，如此反复，直至压力表显示出试验压力为止。阀门试压合格后，打开排液阀，液体放回槽内。试验下一个阀门时，应关闭排液阀。

用手摇泵试压，是油库阀门试压的常用方法，简单方便，但效率低，劳动强度较大。

2. 电动试压泵

电动试压泵的结构比手摇泵试压结构复杂。它是用电动机和蜗论蜗杆减速器机构代替了手柄，其工作原理与手摇泵试压基本相同。电动试压泵有四缸同时工作，两根连杠各带动一个

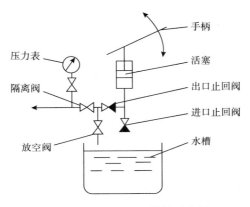

图 9-1 手摇泵试压结构示意图

低压柱塞和一个高压柱塞，其效率比手摇泵高。当压力升到一定值时，应打开回流阀，使两个低压缸压力抵消，保证两个高压缸继续增压到所需试验压力。

3. 气动液压泵

气动液压泵小巧轻便，它以压缩空气作动力源。试压泵前有调节阀、过滤器、注油器等。泵的增压比一般为1:36，调节阀能使输出液体调节到所需试验压力，能满足中压和一部分高压阀门的试压。

4. 氮气瓶试压

氮气瓶装液化的氮气，氮气属于惰性气体，常作为试验介质。试压时，氮气减压后输入缓冲罐内，并调节到试验压力，注入阀门试压。

(三) 夹持设备与工具

阀门试压需要的夹持设备与夹持工具的作用，一是固定阀门，二是形成封闭的试压系统，三是便于将试压介质经注入设备(工具)输送到阀门内。

夹持设备与工具主要有螺塞、盲板、螺杆试压架、千斤顶试压架、电动试压架、液压试压架，以及用于特殊试验的设备和装置。

1. 螺塞工具

螺塞工具试压见图9-2。它适用于带有螺塞孔的阀门试压，也适用于螺纹连接的小口径阀门试压。这种工具只用于密封性试验，不能进行强度试验，为了排除阀门内的空气，可向阀门内灌满水后进行试压。如闸阀的密封试验。

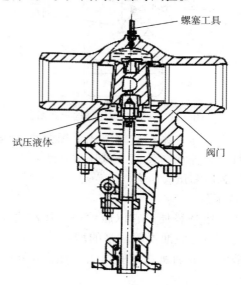

图9-2 螺塞工具闸阀试压示意图

2. 盲板工具

盲板工具又称法兰盖，图9-3是盲板工具试压示意图。盲板工具适用于在试压架、无试压架的条件下，夹持阀门进行试压。但盲板装拆较为困难，通用性差，不同口径的阀门需要配备不同的盲板。只适于单品种或少规格阀门试压。

3. 螺杆试压架

螺杆试压靠螺杆力旋紧夹持阀门，见图9-4。压盖上小阀门作为排气用。

4. 千斤顶试压架

千斤顶试压架是靠千斤顶夹持阀门的，见图9-5。根据试

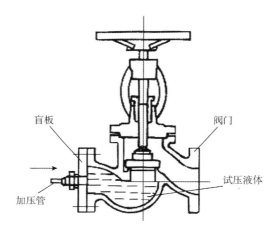

盲板

阀门

加压管

试压液体

图9-3　盲板工具试压示意图

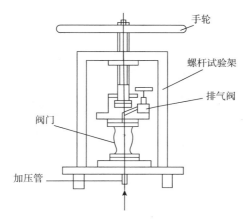

手轮

螺杆试验架

排气阀

阀门

加压管

图9-4　螺杆试压架示意图

验需要，千斤顶架可以是立式，也可以是卧式。

5. 电动试压机

电动试压机是以电动机为动力，通过减速机构加压的。它是通过活动支架和活动盲板夹持阀门的，阀门密封是靠橡胶垫片、O形密封圈来实现的。活动支架可以左右移动，调节高低，使阀门处于最佳位置。试压机上装有行程开关，可自动切断电源。电动试压机见图9-6。

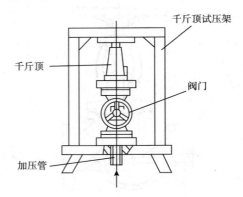

图9-5 千斤顶架试压示意图

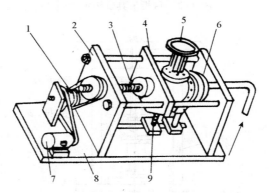

图9-6 电动试压机试压示意图
1—变速机构；2—墙板；3—螺杆；4—活动盲板；
5—阀门；6—固定盲板；7—电动机；8—底板；9—活动支架

6. 液压试压机

液压试压机见图9-7。它是通过高压径向活塞泵产生的高压介质经储罐、安全溢流阀、换向阀输入压紧缸内，压紧缸顶杆顶住夹板，夹持不同规格阀门进行试压的。固定墙板、活动墙板上装有三块通过液压和齿轮传动、电器控制的，能回转一定位置的夹板组成，用步进缸调节活动墙板与阀门距离，用V

形架车支承阀门。液压试压机能保证阀门不产生变形，但只适于法兰连接的阀门进行试压。

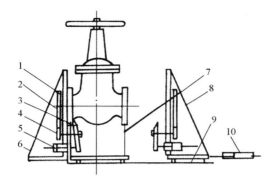

图9-7　液压试验机试压示意图

1—大齿轮；2—进压管；3—夹板；4—小齿轮；5—压紧缸；
6—固定墙壁板；7—V形车架；8—导轨；9—步进缸；10—推进杆

六、阀门试验原则和安全技术措施

（1）阀门壳体试验、密封试验、动作试验以及其他试验应符合国家、行业、企业的有关标准和规定。

（2）新进的阀门应作壳体和密封试验，低压阀门抽查20%，若有不合格的应100%检查；高压阀门100%检查；修理阀门必须100%进行压力试验；阀门安装前，无论新旧阀门，一律经过试验合格，方可使用。

（3）液压试验时，应将阀门体内空气排净。

（4）阀门试验时，其位置应便于检查和操作。

（5）对于允许向密封面注入应急密封油脂的特殊结构阀门，试验时注油系统不应注入油。

（6）壳体试验前，阀门不得涂漆和其他可能掩盖表面缺陷的涂料。

（7）试验时介质压力应逐渐增高，不允许急剧地、突然地增加压力。

（8）进行密封试验时，在阀门两端不应施加对密封面有影响的外力。

（9）闸阀、旋塞阀、球阀进行密封试验时，阀门内应充满介质，并应受到试验介质的压力，以免在试验过程中，带压介质注入体腔内，未能发现泄漏。

（10）试验时，密封面应清洗干净，无油迹。为了防止密封面擦伤，可涂一层油膜，但不适于以润滑起主要作用的阀门。

（11）试验中，阀门关闭力只允许一个人的正常体力操作，不得借助杠杆类工具加力（扭矩扳手除外），当手轮直径为320mm时，允许两人共同关闭。

（12）带驱动装置的阀门进行密封试验时，应启用驱动装置关闭，或用手动关闭阀门进行密封试验。

（13）铸铁阀门不得用锤击、堵塞或浸渍等方法检查渗漏。

（14）阀门试验中，操作人员应注意安全，正确使用安全装置，防止人身事故发生，特别注意铸铁阀试验中的突然破损，阀件飞出伤人。

（15）高压试验或危险较大的压力试验时，操作人员应考虑安全隐避，用折射镜进行压力观察。

（16）阀门试验完毕后，应及时排掉阀门内积水，并用布擦净，采取防锈措施。

七、常规试验方法

常规试验包括壳体、上密封、密封试验。密封试验包括低压密封和高压密封试验等项目。

（一）壳体试验

壳体试验是对阀门体和阀门盖等联结总成的整个阀门外壳进行的压力试验，目的是检查阀门壳体的密实性和耐压能力。

试验时，启闭件开启，两端封闭，向阀门体腔加压到规定压力值。填料在充分压紧的情况下，壳体表面、垫片处、填料处在持续时间内不得有明显可见的渗滴或潮湿现象。为了便于检漏，气体试验时应将试验阀门浸没于水中，按规定检漏方法检漏，无气泡冒出，无结构损伤为合格。

（二）上密封试验

上密封试验是检验阀杆与阀门盖密封副密封性能的试验。

试验时，阀门应全开，两端封闭，松开填料压盖，上密封应密合，向阀门体腔内加压到规定的试验压力值，在持续时间内，填料应无向上移动现象，填料处应无泄漏为合格。

（三）密封试验

密封试验是对检验启闭件和阀门体密封性能试验。

（1）阀门试验姿态。试验姿态一般与阀门安装姿态相关，试验姿态应有利中气排出，方便操作和检查。表9-6为各类阀门试验姿态。

表9-6　各类阀门试验姿态

阀门名称	截止阀	闸阀	球阀	旋塞阀	隔膜阀	蝶阀	止回阀		安全阀	减压阀	疏水阀
							升降式	旋启式			
试验姿势	安装姿势	任选	任选	任选	任选	任选	阀瓣轴线与水平垂直	通道中心线、摇杆轴线水平	直立	直立	安装姿势，一般为直立

（2）三通旋塞阀和球阀试验程序。三通旋塞阀和球阀密封试验程序，见表9-7。

表9-7　三通旋塞阀和球阀密封试验程序

型式	试验部位			
直通式				
L形三通式				

型式	试验部位		
T形三通式			

注：⟶进口；⟶出口；⟶封口；○ ⊕ ⊕塞子端面的刻线位置。

（3）低压密封试验。

①双向密封阀门的低压密封试验。双向密封阀门有闸阀、旋塞阀、球阀等。启闭件处于半开状态，任一端加压，另一端封闭，使试验压力到规定值，关闭阀门，打开封闭端，灌注清水或涂肥皂水等，在持续时间内，观察阀座、密封面的气泡泄漏不超过规定值为合格。此时垫片处不应有气泡冒出。然后，阀门调头，将原封闭端改为加压，原加压改为封闭端，重复上述试验。

②闸阀的中腔低压密封试验。除楔式单闸板闸阀外，其他闸阀可通过阀门体或阀门盖上的螺塞孔向两密封面的中腔加压到规定值，在持续时间内，每一个密封面的泄漏量，应不超过分别试验时一个密封面所允许的泄漏量。

③单向密封阀门的低压密封试验。单向密封阀门有截止阀、止回阀等。

截止阀等单向密封阀门，应按介质流向标志，在进口端加压到规定值，阀瓣关闭，出口端灌注清水等液体，在持续时间内，检查阀座、密封面冒出的气泡数不超过规定值为合格。止回阀加压端应在出口端。

（4）高压密封试验。

①高压密封试验与低压密封试验基本相同。不同之处在于，高压密封试验的压力为公称压力的 1.1 倍，低压密封试验的压力为公称压力；高压密封试验的介质为气体或液体，一般为液体，低压密封试验的介质为气体。

②弹性密封的蝶阀，不论单向密封或双向密封，只需在最不利于密封的一端加压试验。

第三节 阀门的整理与移交

阀门性能试验完毕后，应对阀门进行防锈保护、固定保护、包装保护，并办理移交手续。

一、防锈保护

（一）涂漆保护

阀门涂漆一是防锈，二是识别材料和驱动装置，三是美观。阀门涂漆颜色应符合规定。

（1）涂漆的部位。阀门体、阀门盖、支架、手轮、手柄、扳手，以及驱动装置的表面喷刷规定的颜色油漆。阀杆、法兰密封面、螺纹处、铭牌、标尺、齿轮齿面等，以及活动部位不允许涂漆，可用防锈剂保护。

（2）涂漆的方法。涂漆前应清洗干净阀门表面油污、灰尘、旧漆层。涂漆分喷涂和刷涂两种。喷涂时应用纸隔开不喷涂的阀件，喷嘴应与涂刷面垂直，喷嘴与漆面距离适当，移动均匀，不应有流挂现象；刷涂时刷子蘸漆少而均匀，从边缘或者难刷处开始涂刷，刷漆应从上至下，从左至右、纵横交错、往复涂刷。保证漆层均匀，漆膜厚度适中。油漆一般不超过两层，每层干透后再涂刷下一层。涂层应防止撞击、振动、冻结、灰尘等。

（3）涂漆的验收。漆层应光滑均匀，颜色符合要求，无漏涂、花面、皱纹、起泡、流痕、脱皮等缺陷。

（二）油脂保护

阀门油漆后，除立即使用的阀门外，应对没有涂漆的表面，涂油脂、防锈剂等保护。

（1）阀杆应擦拭干净，并涂敷中性油脂，用纸包裹，防止灰尘。

（2）启闭件和阀座密封面应涂敷一层防锈剂，但对塑料、橡胶密封面不涂任何油脂，以防密封面老化和变形。

（3）阀门内腔、法兰密封面和螺纹等部位，应涂敷防锈剂。法兰密封面除涂防腐剂外，还应用塑料盖、蜡纸保护，以防止运输中擦掉。

二、固定保护

在包装之前，应对阀门启闭件进行一次检查，对不同的阀门按规定调整到正确位置，并加以固定。

（1）闸阀、截止阀、调节阀等处于全关闭状态。

（2）旋塞阀、球阀处于开启位置。

（3）隔膜阀为关闭状态，但不宜关闭过紧，以免损坏隔膜。

（4）安全阀的杠杆、阀瓣加以固定，以防撞击。

（5）止回阀的阀瓣关闭，并加以固定。

三、包装保护

阀门包装繁简视具体情况而定。

（1）现场修理而又待安装的阀门，可不包装。

（2）修理后需要运输的阀门，应用盖板或塞子封闭阀门进出口端，对驱动装置应进行防转动固定。

（3）修理后需要长途或多次运输的阀门，除上述包装外，手轮等驱动装置应取下，不便拆卸的驱动装置，应有防转动保护，并用包装材料扎好。

四、办理移交手续

办理移交手续包括打钢号、挂合格证、按规定填写和整理各项记录。

1. 打钢号

每一个修理和试验工，应有自己的钢印代号，钢号一般打印在阀门中法兰正面上，便于检查负责者，有利质量提高。

2. 挂合格证

阀门修理和试验合格后，应发合格证，合格证上有规格型号、编号、修理日期和单位等项目。合格证用塑料包好后，挂在子轮上。

3. 移交各项记录

填写修理和试验记录应文字简洁、清晰，有关人员的签字和单位盖章。记录一式不得少于二份，一份保存，一份移交使用单位。

(1)阀门检修记录。它是全面记录了阀门检修情况。阀门检修记录，见表9-8。

表9-8　阀门检修记录

阀门型号		PN	MPa	使用介质	工作温度	操作压力
		DN	mm		℃	MPa
修理内容	阀杆	弯曲度				mm/m
		腐蚀程度				
		螺纹				
	更换填料	材料规格				
		圈数				
	更换垫片	中法兰	名称			
			材质			
		两侧法兰	名称			
			材质			
	更换紧固件	螺栓	材质		数量	
		螺母	材质		数量	
	密封面	研磨或修理				
		堆焊或更换				
试验	强度试验	试验介质		试验压力		MPa
	密封性试验					MPa
修理结论						

修理单位：　　　验收人：　　　修理人：　　　试验人：　　　时间：

（2）常规试验记录。它包括壳体、上密封、低压密封和高压密封试验，见表9-9。

表9-9　阀门常规试验记录

日期	编号	名称	型号	规格	公称压力/MPa	试验项目								结论
						壳体试验		上密封试验		低压密封试验		高压密封试验		
						介质	MPa	介质	MPa	介质	MPa	介质	MPa	

单位：　　　　　质量检验员：　　　　　试验人：　　　　　时间：

（3）阀门缺陷记录。它是阀门需要修理或不能修理的依据，也是与委托单位结算的凭证。阀门缺陷记录，见表9-10。

表9-10　阀门缺陷记录

日期	编号	名称	型号	规格	公称压力/MPa	缺陷记录	结论

单位：　　　　　质量检验员：　　　　　修理和试验员：　　　　　时间：

第十章　填料的安装与拆卸

在油库中，阀门填料的正确安装与拆卸是确保阀门不发生"跑冒滴漏"的经常性工作。选用合适的填料是满足各种不同工作条件的重要因素，填料的正确安装是保证其充分发挥功能的决定因素。正确的填料加工，严格安装与拆卸程序，合理选用专用工具是保证阀门填料安装与拆卸符合技术要求的基本方法。

第一节　填料密封的原理与压紧力

填料密封是将填料装填在阀杆与填料函之间，防止介质向外渗漏的一种动密封结构。

一、填料结构的分类

填料密封按填料密封结构分，有压盖式、O形密封圈式、波纹管式等；按填料函(箱)内部结构可分为一般式、分流环式、内紧式等；按使用填料材料分有非金属填料、金属填料和复合材料。

阀门中，使用最多的是压缩填料，它是按不同的使用条件，将各种密封材料组合制成绳状、环状密封件。近年来出现了一种柔性石墨填料和膨胀聚四氟乙烯填料，它具有非常优异的密封性能，越来越多地应用在阀门的填料密封中。

二、填料的装配形式

填料的几种装配形式，见图10-1。

（1）图10-1(a)是浸油石棉填料装配形式，为了压紧填料而不使油渗出，并提高使用效果，第一圈(底圈)和最后一圈(顶

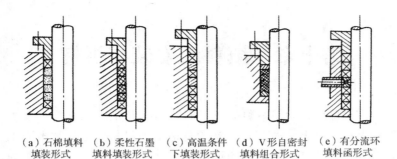

(a)石棉填料　　(b)柔性石墨　　(c)高温条件　　(d)V形自密封　　(e)有分流环
　　装填形式　　　填料填装形式　　下填装形式　　填料组合形式　　填料函形式

图 10-1　填料装配的形式

圈)应安装石棉绳填料。

（2）图 10-1(b)是柔性石墨填料装配形式。柔性石墨填料的质地较软,刚度很小。为防止介质直接冲刷石墨填料和防止因压紧填料的预紧力将石墨填料挤出填料函,第一圈一般装填经压制后的石棉绳填料;为了避免柔性石墨与空气接触,防止压盖损坏石墨填料,最后一圈也是干石棉填料压实。柔性石墨的密封性能十分优良,一般填 3~4 圈就足够了,如果填料函较深,为了节省石墨填料,可填充其他填料或金属圈。

（3）图 10-1(c)是适应高温条件下的填料装配形式,介质温度在 350℃ 以下时,填料头三圈装石棉填料,第四圈装铝填料;350℃ 以上时,头四圈装填石棉填料,第五圈装铝填料,以后交叉装填,最后填装石棉填料。

（4）图 10-1(d)是 V 形自密封填料装配形式。下填料安放在填料函的底部,中填料安放在中间,约 2~4 圈,上填料安放在上部,有的上填料上面还装有金属垫圈。

（5）图 10-1(e)是安装有分流环(或称引流环)填料函装配形式,这种形式用于高温、高压、强腐蚀介质的重要填料函,分流环上下的填料视介质的性质而定。

填料的装配还有其他的形式,随着新材料、新技术的不断开发,填料的组合形式也不断更新,介质的参数越来越高,特殊的填料也应运而生。有的阀门分别设置上、下填料函,下填料函设在阀盖下部，填料靠自紧机构压紧，而上部填料函，装填普通的填料，常规压紧，这种形式常用在深冷、强腐蚀介质的重要场合。有的填料函在底层采用楔形自紧密封圈等形式。

三、填料密封的原理

填料密封原理有轴承效应和迷宫效应原理两种。

（一）轴承效应原理

由于压盖施加在填料上的载荷，使填料产生塑性和弹性变形，在作轴向压缩的同时，也产生径向力，与阀杆及填料函孔紧密结合。当阀杆与填料作相对运动时，由于填料的自润滑作用或产生的油膜，使填料与阀杆之间边界保持润滑状态，阻止延迟填料与阀杆的磨损，较长期地保持紧密的贴合，阻止介质渗漏。这种边界润滑状态，虽然不十分均匀，有类似滑动轴承的作用，故称为"轴承效应"。

（二）迷宫效应原理

填料与阀杆相接触有一定的深度（即接触长度），由于制造误差的存在，在阀杆运动时，不可避免地在填料与阀杆之间产生微小、不规则的运动间隙，使填料与阀杆的接触长度上形成"迷宫"现象，起着节流和防止介质泄漏的作用，这种作用称为"迷宫效应"。填料在阀杆运动中，依靠它的可塑性和回弹性，填补运动间隙，使填料保持与阀杆的紧密贴合，维持"迷宫效应"。

"轴承效应"和"迷宫效应"是填料维持密封的原理。这两种效应使填料密封良好，不发生泄漏。因此，填料密封必须有良好的润滑和适当的压紧载荷。

四、压盖压紧力的确定

压盖的压紧力与介质压力和其他因素有关，主要是介质的压力，压紧力与介质压力成正比关系。保证密封填料压紧力的计算方法有多种，常用的压盖压紧力计算公式是：

$$Q = 2.356(D^2 - d^2)P \times 100$$

式中　　Q——压盖的压紧力，N；

　　　　D——填料函(箱)的内径，cm；

　　　　d——阀杆外径，cm；

　　　　P——介质压力，MPa。

填料高度一般与介质压力成正比，压力高所用的填料圈数多些。这样，会认为填料越多越好，这是不正确的。在实际应用中，填料圈过多，由于填料摩擦力，压紧填料的力不易传到下部填料，填料函中下面的几圈填料因压紧力不够，而不能很好地密封，反而增加了填料对阀杆和摩擦力，致使操作力矩增大。

填料密封结构是动密封的一种形式，它的泄漏率比垫片大得多。填料的泄漏形式主要是界面渗漏，对于编织填料有一部分为渗透泄漏。所以，在这类填料中加金属片、丝或聚四氟乙烯，用以解决渗透泄漏。

第二节　填料安装和拆卸工具

填料的安装和拆卸是在沟槽中进行的，因此比垫片的安装和拆卸困难得多。特别是拆卸填料函中深处的填料，极易损伤阀杆，影响填料密封。

填料的安装工具，可根据需要自行制作各式各样的工具。工具的硬度不能高于阀杆的硬度。装卸工具应用质软而强度高的材料制成，如铜、铝合金、低碳钢或 18－8 型不锈钢等，工具的刃口应较钝，不应当有锐口。

一、压实填料工具

压实填料工具有两种形式。

(一)压实填料工具架

图 10-2 是压实填料工具架。使用时可将整个阀门和阀门盖安放在工作台上，装好填料和压具，然后旋转螺杆，使压爪压

住压盖和压具，直到填料压紧为止。压具是由两个半圆筒组成的工具，它的外径为压盖压套的外径，内径为压盖压套的内径，高度按填料函深度和工作方便，确定不同的高度。为便于取出，压具的上端应有凸肩，其材料应为铜、铝合金、低碳钢等。这种工具适用于检修后的阀门安装填料使用。

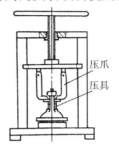

图 10-2　压填料工具架

（二）利用阀杆压填料的工具

图 10-3 是利用阀杆压填料的工具。它是用卡箍抱住阀杆，在压盖下装好压具，利用阀杆的关闭力，把填料函内的填料压紧。压紧后用手按住压具，另一只手旋开阀杆，把压具取出。当填料已填到填料函上部时，可直接用压盖压紧。这种工具适用于在役阀门安装填料使用。

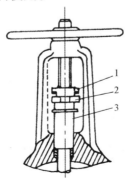

图 10-3　利用阀杆压填料工具

1—卡箍；2—压盖；3—压具

二、填料拆卸工具

图 10-4 是填料的拆卸工具，它们主要适用于填料的取出。

（一）拔压工具

图 10-4(a)是拔压工具，在填料函中放置填料不平整时，用它拨正、压平，也可把填料拔出。

（二）钻具

图 10-4(b)是钻具，对填料函深处的填料接头处钻入，然后慢慢地用力拉起，取出填料。

（三）钩具

图 10-4(c)是钩具，它适用于从填料函内钩出填料。

（a）拔压具　　　（b）钻具　　　（c）钩具

图 10-4　填料拆装工具

三、O 形圈安装和拆卸工具

（一）O 形圈安装工具

图 10-5 是 O 形圈安装工具，工具两端成锥体，适应 O 形圈套上套下，不会划伤 O 形圈的表面。它适用于没有安装倒角，有螺纹和沟槽的 O 形圈零件上。

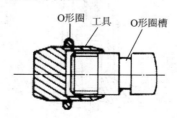

图 10-5　O 形圈安装工具

（二）O 形圈拆卸工具

图 10-6 是 O 形圈拆卸工具。

（1）图 10-6(a)、(b)适用于内孔 O 形圈的拆卸。

（2）图 10-6(c)、(d)、(e)适用于轴上 O 形圈的拆卸。

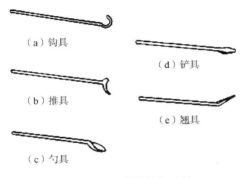

（a）钩具

（d）铲具

（b）推具

（e）翘具

（c）勺具

图 10-6   O 形圈拆卸工具

第三节   填料的拆卸与安装

一、安装前的准备

（一）填料的选用与核对

填料按照填料函的型式和介质的压力、温度、腐蚀性能来
选用，填料的型式、尺寸、材质及性能应符合有关标准和规定。
核对选用填料名称、规格、型号、材质及阀门工况(压力、温
度，介质腐蚀等)，填料与填料函结构应配套，与有关标准和规
定应相符。

（二）填料检查

（1）编结填料应编制松紧度一致，表面平整干净。表面应无
背股，无外露线头、创伤、跳线、夹丝外露、填充剂剥落和变
质等缺陷。编结填料的搭角应一致，角度应成45°或30°，尺寸

应符合要求，不允许切口有松散的线头、齐口、张口缺陷，见图 10-7。

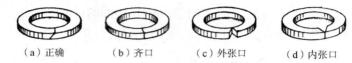

（a）正确　　　（b）齐口　　　（c）外张口　　　（d）内张口

图 10-7　填料预制的形式

（2）切制的编结填料最好在安装前预制成形。

（3）柔性石墨填料是成形填料，表面应光滑平整，不得有毛边、扭曲、划痕等缺陷。

（4）O 形圈填料应粗细一致，表面光洁，不得有老化、毛边、扭曲、划痕等缺陷。

（三）填料装置的清理和修整

安装填料前，应对填料装置各部件，进行清洗、检查和修整，损坏了部件应更换。填料函内的残存填料应彻底清理干净，不允许有严重的腐蚀和机械损伤。压盖压套表面光洁，不得有毛刺、裂纹和严重的腐蚀等缺陷。压紧螺栓应无乱扣、滑扣现象、螺栓螺母相配时无明显晃动，螺栓销轴应无弯曲和磨损，插销齐全。填料函应完好，斜面向上。

（四）阀杆检查

阀杆、压盖、填料函三者之间的配合间隙，阀杆光洁度、圆度、直线度等技术指标应符合要求。阀杆、压盖、填料函应同轴线，三者之间的间隙要适当，一般为 0.15 ~ 0.3mm。阀杆不允许表面有明显的划痕、蚀点、压痕等缺陷。

二、填料的制作

填料属于易损件，到了规定的使用时间或填料损坏，不宜修理，应予更换。

（一）填料切制的型式和尺寸

油库使用的阀门大多数采用填料函密封。填料函使用石棉填料，其型式见图10-8，其尺寸见表10-1。

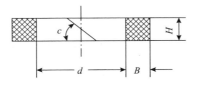

图10-8　石棉填料

表10-1　石棉填料的制作尺寸　　　　　　　mm

d	B	H	c	展开长度	d	B	H	c	展开长度
8	3	3	30°或45°	35	36	8	8	30°或45°	139
10				41	40				151
12	4	4		51	44	10	10		170
14				57	50				189
16	5	5		66	55				205
18				73	60				220
20	6	6		82	65				236
22				88	70	13	13		261
24				95	75				277
26	8	8		101	80	16	16		293
28				114	90				333
32				126					

（二）填料的切制

填料切制方法分为手工、工具、机械三种。在此着重介绍手工制作方法。

手工切制填料应在工作台或木板上进行，工作台面应清洁干净，切制时，不允许用加工錾子和一般锯条来切割填料，填料也不允许扭曲。手工切割填料中，在油库较为普遍存在着一种用填料样板，照样切割的毛病。用这种方法切制填料角度和长度各不相同，安装后密封性差，容易渗漏，是填料密封渗漏的主要原因之一。

正确的切制方法是用一根与阀杆同径的木棒，将填料缠绕在木棒上，切制的角度为30°或45°，见图10-9。切制刀具应当薄而锋利，一般不超过0.5mm厚度，双刃口，最好刃口上带有细齿。用这种加工方法加工的填料角度和长度相同，密封性能好。

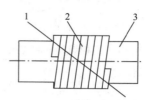

图10-9　填料的手工切制

1—切线；2—填料；3—木棒

三、填料的拆卸

从阀门填料函中取出的旧填料原则上不能再使用，这给填料拆卸带来了方便，但填料函窄而深，不便于操作，容易划伤阀杆。因此填料拆卸比安装更为困难。

（一）填料拆卸方法

拆卸时，首先拆除压盖螺栓或压套螺母，用手转动一下压盖，然后将压盖或压套提起，并用绳索或卡子把它们固定在阀杆上面，以方便操作。

图10-10是填料拆卸方法。在拆卸过程中，要尽量避免拆卸工具与阀杆碰撞，以防擦伤阀杆。

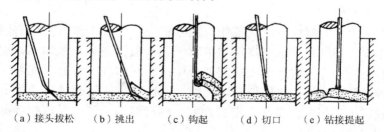

（a）接头拔松　（b）挑出　（c）钩起　（d）切口　（e）钻接提起

图10-10　填料拆卸方法

（二）O 形圈拆卸方法

拆卸下来的 O 形圈，有时还能继续使用。因此，拆卸时要特别小心。孔内的 O 形圈拆卸，可用图 10-6 中的"勺具、铲具、翘具、推具、翘具"将 O 形圈拨出。拆卸时，工具斜立，另一工具斜插入 O 形圈内，并沿轴转动，将 O 形圈拨出。操作时，不应使 O 形圈拉伸太长，以免产生变形。拆卸 O 形圈时注意将工具、O 形圈涂上一层石墨等润滑剂，以减少拆卸中的摩擦。

四、填料的安装

填料的安装，应在填料装置各部件完好，阀杆无缺陷并处于开启位置（现场维修除外），填料预制成形，安装工具准备就绪的条件下方可进行。

（一）搭接盘根安装方法

图 10-11 是搭接盘根安装方法。

（1）图 10-11（a）是先将搭口上下错开，斜着把盘根套在阀杆上，然后上下复原，使切口吻合，轻轻地嵌入填料函中。

（2）图 10-11（b）是错误的方法，它容易使填料变形，甚至拉裂，一般不允许用这种方法，特别是柔性石墨盘根应切忌这种错误方法。

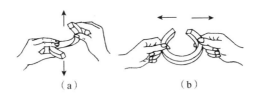

（a）　　　　　　　　　（b）

图 10-11　搭接盘根安装方法

（二）压好关键的第一圈

仔细地检查填料函底部是否平整，填料是否装上，确认底面平整无歪斜时，先将第一圈填料用压具轻轻地压到底面，然后抽出压具，检查填料无歪斜，搭接吻合无误，用压具把第一圈填料压紧，但不要用力过大。

（三）安放一圈压紧

向填料函内安放填料时，应安放一圈，压紧一圈。不允许采用连续缠绕的方法安装填料，如图10-12所示。正确的方法是将填料各圈的切口搭接位置，相互错开120°。这种方法是目前采用最多的一种方法，如图10-13所示。填料安装过程中，填装1~2圈应旋转一下阀杆，以免阀杆与填料咬死，影响阀门的开关。

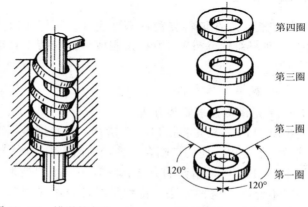

图10-12　错误的方法　　　　图10-13　正确的方法

（四）填料函基本上满后，应用压盖压紧填料

使用压盖时，用力要均匀，两边螺栓应对称地拧紧，不得把压盖压歪，以免填料受力不均与阀杆产生摩擦。压盖的压套在填料函内的深度为其高度的1/4~1/3，也可用填料一圈高度作为压盖压入填料函的尺度，一般不得小于5mm预紧间隙。最后检查阀杆与压盖、压盖与填料函三者的间隙一致；旋转阀杆，阀杆应操作灵活，用力正常，无卡阻现象为好。如果用力过大，应适当将压盖放松一点，减少填料对阀杆的抱紧力。

（五）填料严禁以小代大

填料宽度没有合适的情况下，允许用比填料函槽宽大1~

2mm 的填料代替，不允许用锤子打扁，应用平板或辗子均匀地压扁。在压扁过程中发现质量问题应停止使用。

五、填料安装中容易出现的问题

填料安装中出现的问题主要是操作者对填料密封的重要性认识不足，求快怕麻烦，违反操作规程引起的。常见问题是：

(1)清洁工作不彻底，操作粗心，滥用工具。表现在阀杆、压盖、填料函不用油清洗，甚至填料函有残存填料；操作不按顺序，乱用填料，随地放置，使填料粘有泥沙；不用专用工具，随便用錾子切除盘根，用起子安装填料等。这样大大地降低了填料安装质量。

(2)选用填料不当，以低代高，以窄代宽，使用不耐油填料等。

(3)填料搭接的角度不对，长短不一，安装在填料函中，不平整，不严密。

(4)多层填放，多层连绕填装，一次压紧，使填料函中填料不均匀，有空隙，压紧后造成上紧下松，增加了填料泄漏的可能性。

(5)填料安装太多时，使压盖在填料函上面，压盖容易位移擦伤阀杆。

(6)压盖与填料函间的预留间隙过小，填料在使用中泄漏，就无法再拧紧压盖。

(7)压盖对填料压的太紧，使阀杆开闭力增大，增加了阀杆的磨损，容易引起泄漏。

(8)压盖歪斜，松紧不匀，容易引起填料泄漏，阀杆擦伤。

(9)阀杆与压盖间隙过小，相互摩擦，磨损阀杆。

(10)O 形圈安装存在容易扭曲、划痕、拉变形等缺陷。

主要参考文献

[1] 范继义．油库设备设施实用技术丛书——油库阀门．北京：中国石化出版社，2007.

[2] 王训钜．阀门使用与维护技术．武汉：湖北科技出版社，1985.

[3] 马秀让．石油库管理与整修手册．北京：金盾出版社，1992.

[4] 马秀让．油库工作数据手册．北京：中国石化出版社，2011.

[5] 马秀让．油库设计实用手册(第二版)．北京：中国石化出版社，2014.